常见制裘类动物毛皮特征图谱

主编　李燕华　　刘彩明　　褚乃清

参编　唐莉纯　　钟声扬　　闫　杰
　　　　　谢堂堂　　林君峰　　刘　怡
　　　　　李成发　　郭会清　　张玉爽
　　　　　沈雅蕾　　刘　俊　　赵海浪
　　　　　李海涛　　朱　峰

U0377536

东华大学出版社
·上海·

图书在版编目(CIP)数据

常见制裘类动物毛皮特征图谱 / 李燕华，刘彩明，
褚乃清主编；唐莉纯等编. —上海：东华大学出版社，
2021.1

ISBN 978 - 7 - 5669 - 1759 - 1

Ⅰ.①常… Ⅱ.①李… ②刘… ③褚… ④唐… Ⅲ.
①毛皮-图谱 Ⅳ.①TS564-64

中国版本图书馆 CIP 数据核字(2020)第 120513 号

责任编辑　杜亚玲
封面设计　Callen

常见制裘类动物毛皮特征图谱
CHANGJIAN ZHIQIULEI DONGWU MAOPI TEZHENG TUPU

李燕华　刘彩明　褚乃清　主编

出　　　　版：东华大学出版社(地址：上海市延安西路 1882 号　邮政编码：200051)
本 社 网 址：http://dhupress.dhu.edu.cn
天猫旗舰店：http://dhdx.tmall.com
营 销 中 心：021-62193056　62373056　62379558
印　　　　刷：苏州望电印刷有限公司
开　　　　本：889mm×1194mm　1/16
印　　　　张：9
字　　　　数：316 千字
版　　　　次：2021 年 1 月第 1 版
印　　　　次：2021 年 1 月第 1 次印刷
书　　　　号：ISBN 978 - 7 - 5669 - 1759 - 1
定　　　　价：78.00 元

目　　录

第一章　常见制裘类动物毛皮种类与特征

常见制裘类动物有：(1)赤狐；(2)草狐；(3)白狐；(4)蓝狐；(5)银狐；(6)东沙狐；(7)西沙狐；(8)十字狐；(9)水貂(黑色公貂)；(10)水貂(褐色母貂)；(11)水貂(十字公貂)；(12)青根貂；(13)南貉；(14)北貉；(15)美洲貉；(16)家兔；(17)獭兔；(18)澳大利亚绵羊；(19)安哥拉绵羊；(20)湖羊；(21)滩羊；(22)长毛山羊；(23)白猾子；(24)河狸；(25)南狸；(26)北狸；(27)艾虎；(28)负鼠；(29)旱獭；(30)黄猺；(31)狼狗；(32)狼；(33)黄鼬；(34)浣熊。

一、狐狸毛皮

狐，在动物分类学上，属于食肉目犬科动物。人们常说的狐狸即为狐的统称。世界上的狐分两个属，共有9个种、40多个不同的色型，主要分布在亚洲、非洲和北美洲大陆。我国有3个种，分布在除台湾省和海南省以外的其他各省。狐狸毛皮是较珍贵的毛皮，毛长绒厚，毛色灵活光润，针毛带有较多色节或不同的颜色，张幅大，皮板薄，适于制成各种皮大衣、皮领、镶头、围巾等制品，其制成品保暖性好，华贵美观。狐狸养殖的常见品种有赤狐、银狐、十字狐、北极狐以及各种变型的彩色狐。本书收录常见的狐狸毛皮有6类8种，分别为赤狐毛皮(草狐毛皮)、北极狐毛皮(蓝狐毛皮、白狐毛皮)、银狐毛皮、沙狐毛皮(东沙狐毛皮、西沙狐毛皮)、十字狐毛皮。

1. 赤狐毛皮

赤狐毛皮产自赤狐。赤狐又分红狐、草狐。赤狐品质优良，在我国广泛分布，现可人工饲养，而以东北、内蒙古赤狐为最佳。赤狐四肢短，嘴尖，耳长，体长55～90 cm(平均长70 cm)，体高40～45 cm，体重5～8 kg。尾长40～55 cm，尾圆粗且特别蓬松。赤狐毛色因地理、环境不同差异很大。特征毛色：头部、躯体、尾巴为棕红色或赤褐色，浅者为黄褐色或灰褐色；四肢黑褐色；腹部为黄白色；耳背黑褐；尾上部为赤褐色、尾尖为白色。图1-1为红狐毛皮，图1-2为草狐毛皮。

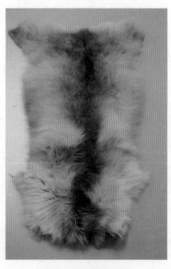

图1-1　红狐毛皮　　　　　　　图1-2　草狐毛皮

2. 北极狐毛皮

北极狐毛皮产自北极狐。北极狐主要分布在亚、欧、北美北部、西伯利亚南部。野生北极狐有 2 个色型即白色和浅蓝色，白色北极狐又称白狐(图 1-3)，浅蓝色北极狐又称蓝狐(图 1-4)。北极狐四肢短小，体胖，嘴短粗，耳圆、宽且较小，平均体长公狐 65～75 cm、母狐 55～75 cm，平均体重 5～6 kg，尾长 25～30 cm。被毛丰厚，针毛不发达，绒厚而密。白狐被毛颜色随季节变化略有不同深浅，冬天色白，夏天则变深；浅蓝色北极狐毛色终年较深，最有经济价值。

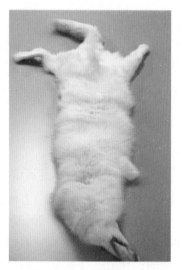

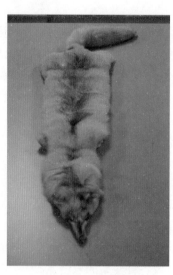

图 1-3　白狐毛皮　　　　　　　图 1-4　蓝狐毛皮　　　　　　　图 1-5　银狐毛皮

3. 银狐毛皮

银狐毛皮产自银黑狐。银黑狐属于食肉目犬科，起源于北美洲的阿拉斯加和西伯利亚东部地区。经过一百多年的人工饲养训化，银黑狐的体型逐渐增大，适应家养。由于改善了生存的条件，毛绒的品质也有很大的提高。公狐体重一般为 6～8 kg，体长 66～75 cm；母狐体重一般为 5.5～7.5 kg，体长 62～70 cm。银狐腿高，腰细，尾巴粗而长，善奔跑，反应敏捷。吻尖而长，幼狐眼睛凹陷，成狐两眼大而亮，两耳直立精神，视觉、听觉和嗅觉都比较灵敏。银黑狐被毛蓬松，全身毛色基本为黑色，其中均匀地掺杂中段为白色针毛，衬托出一种银白色，故得名银狐。针毛的颜色其毛根部分为黑灰色，接近毛尖部的一段为白色，而毛尖部为黑色。针毛白色位置高低和数量多少，决定了被毛的银色强度。银狐尾端毛为白色，形成 4～10 cm 的白尾尖，尾型以圆柱者为佳(图 1-5)。银狐已经成为人们养殖的珍贵毛皮动物的主要品种，其毛皮是市场上主要的高档毛皮之一。

4. 沙狐毛皮

沙狐毛皮产自沙狐，根据产地可分为东沙狐毛皮和西沙狐毛皮。东沙狐毛皮主要产于内蒙古、东北各省以及甘肃省的部分地区。东沙狐身体比赤狐小，体长 50～60 cm，体重 2～3 kg，尾长 25～35 cm，四肢相对较短，耳大而尖，耳基宽阔，毛细血管发达。背部呈浅棕灰色或浅红褐色，腹部呈淡白色或淡黄色。毛色呈浅沙褐色到暗棕色，头上颊部毛色较暗，耳朵背面和四肢外侧毛色为灰棕色，腹下和四肢内侧毛色为白色，尾基部半段毛色与背部相似，末端半段呈灰黑色。夏季毛色接近于淡红色(图 1-6)。西沙狐毛皮主要产于青海、西藏、甘肃、宁夏和四川等地。西沙狐体型与赤狐相近，体长 49～60 cm，体重 3.8～4.6 kg，尾长 25～30 cm。西沙狐背部呈褐红色，腹部白色，体侧有浅灰色宽带，与背部和腹部毛色有明显区分。西藏产西沙狐有明显的窄淡红色鼻吻；头冠、颈、背部、四肢下部为浅红色；耳小，耳后呈茶色、耳内白色；下腹部为淡白色到淡灰色；尾蓬松，除尾尖白色外其余均为灰色(图 1-7)。

图 1-6　东沙狐毛皮

图 1-7　西沙狐毛皮

图 1-8　十字狐毛皮

5. 十字狐毛皮

十字狐毛皮产自十字狐。十字狐因为其身上前肩与背部有黑十字花纹而得名,它们美丽的花纹是因为不同色系的突变育种而产生的(图 1-8)。十字狐是赤白狐和赤狐、银狐或影狐的杂交种,交配时得到十字狐的概率大约为 50%,其他会得到原种狐、金岛狐、白金狐、冰岛狐。十字狐产于亚洲和北美洲,体型近似赤狐,四肢和腹部呈黑色,头、肩、背部呈褐色,在前肩与背部有黑十字花纹。

二、水貂毛皮

水貂毛皮产自水貂。水貂体型细长,雄性体长 38~42 cm,尾长 20 cm,体重 1.6~2.2 kg,雌性水貂体型较小。水貂体毛呈浅褐色,颔部有白斑。水貂头小,眼圆,耳呈半圆形,稍高出头部并倾向前方,不能摆动,颈部粗短,四肢粗壮,前肢比后肢略短,指、趾间具蹼,后趾间的蹼较明显,足底有肉垫;尾细长,毛蓬松。

在野生状态下,水貂有美洲水貂和欧洲水貂两种。现在世界各国人工饲养的均为美洲水貂的后代。目前,人工养殖水貂的品种主要有标准色水貂和人工培育的水貂品种(彩貂)。野生水貂毛色多半呈浅褐色。家养水貂经过多个世代的选择,毛色加深,多为黑褐色或深褐色,通称标准色水貂。

彩色水貂是标准色水貂的突变型,目前已出现 30 多个毛色突变种,并通过各种组合,使毛色组合型已增加到了 100 余种。彩色水貂毛皮多数色泽鲜艳、绚丽多彩,有较高的经济价值,世界各国都在努力繁育和发展。根据色型分为灰蓝色系、浅褐色系、白色系、黑色系四大类。

本书收录常见的 4 种水貂毛皮,分别为黑色水貂毛皮、灰色水貂毛皮、白色水貂毛皮、十字水貂毛皮(图 1-9~图 1-12)。

图 1-9　黑貂水貂毛皮

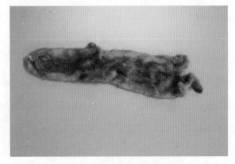
图 1-10　灰貂水貂毛皮

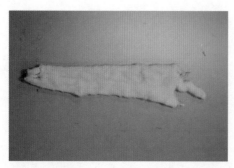

图 1-11　白色水貂毛皮

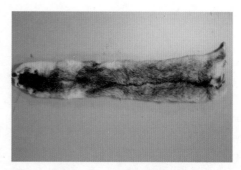

图 1-12　十字水貂毛皮

三、青根貂毛皮

青根貂真正的学名叫麝香鼠,又名麝鼠或麝狸,俗名水耗子(图 1-13)。因其针毛呈金黄色,底绒为青灰色,所以在裘皮行业中俗称青根貂,属细毛类裘皮。青根貂毛皮皮板结实、坚韧、耐磨而轻柔,绒毛丰厚细软,针毛富有光泽,其耐磨度优于狐、貉及滩羊的毛皮。青根貂毛皮可制成翻毛皮大衣、皮帽子、皮领、皮手套等,除部分直接用作服装面料外,还经常被用作尼克服等裘皮制品的内胆。

图 1-13　青根貂毛皮

前述三大类毛皮按制成皮草大衣价格从贵到相对便宜依次为水貂、狐狸、青根貂,按皮草大衣制成品的美观度和实用性依次为水貂、青根貂、狐狸,当然特殊效果除外。三种原料中水貂最适宜制作毛朝外的服装,水貂皮的厚薄适中,皮板柔软,皮毛美观,缺点是价高(指相同面积相对比)。青根貂皮毛也较美观,针毛油亮,价格相对便宜,多用于制作尼克服的内胆。狐狸皮毛密度非常大,毛也较厚,整皮制成服装恐有臃肿感。青根貂毛皮的性价比最高。

四、貉子毛皮

貉子毛皮产自貉。貉子又名狸、土狗、土獾、毛狗,属哺乳纲食肉目,是犬科非常古老的物种,被认为是类似犬科祖先的物种。貉子体型短而肥壮,介于浣熊和狗之间,小于犬、狐。貉子体色乌棕,吻部白色,四肢短呈黑色,尾巴粗短,脸部有一块黑色的"海盗似的面罩"。

貉是重要毛皮兽,去针毛的绒皮为上好制裘原料,其制成品轻暖而又耐用,御寒力强,色泽均匀。针毛的弹性好,适于制造画笔、胡刷及化妆用刷等。貉的毛皮质量因产区、季节和狩猎剥制技术等不同而异。产区的不同自然条件,对貉皮质量的影响甚大。在我国有南貉、北貉之分,这是人们习惯上以长江为界,将长江以南产的貉称为南貉,长江以北的貉称为北貉。

北貉皮毛长绒厚,背毛呈黑棕或棕黄色,针毛尖部黑色,背中央掺杂较多的黑毛梢,它还具有针毛长、底绒丰厚、细柔、耐磨、光泽好、皮板结实、保温性很强的特点(图 1-14)。还可拔去针毛,制作貉绒产品。多年以来貉子皮都是热门货,出口售价较高。虽然貉子产地遍布全国,但仍以乌苏里貉质量为最好。南貉皮主要产于长江以南各省,张幅较小,针毛短,被毛呈黄色或沙黄色,色泽鲜艳(图1-15)。由于南貉的毛皮经济价值较低,且南貉不适合家养,现在所说貉皮多指家养的北貉皮。还有一种美洲貉毛皮见图1-16。

图1-14 北貉毛皮　　　　　图1-15 南貉毛皮　　　　　图1-16 美洲貉毛皮

五、兔毛皮

兔毛皮产自兔。兔长耳,头部略像鼠,上嘴唇中间裂开,尾短而向上翘,后腿比前腿稍长,善于跳跃,跑得很快,并且可爱机灵。用作制裘的一般有家兔和獭兔。

1. 家兔

家兔是由一种野生的穴兔经过驯化饲养而成的。大型的家兔如公羊兔,体重可达8kg,而体型较小的荷兰侏儒兔,成年时的体重还不到1kg。兔是草食性动物,以野草、野菜、树叶、嫩枝等为食,多为白色、灰色与黑色(图1-17)。兔喜欢独居,白天活动少,都处于假眠或休息状态,多在夜间活动,食量大。家兔毛以轻、细、软、保暖性强、价格便宜的特点而受人们喜爱。

家兔每年脱换毛两次,所以,家兔皮的生产季节性很强。冬皮毛绒厚,针毛平顺,毛色光润。皮板洁白,有油性,品质好。秋皮毛绒较短平,色泽发暗,皮板呈青灰色,质量次于冬皮毛。春皮毛绒松软,色泽减退。夏皮毛绒短薄,不平顺,质量最次。

2. 獭兔

獭兔的学名叫力克斯兔,原产于法国,是一种典型的皮用型兔,因其毛皮酷似珍贵毛皮兽水獭的毛皮而得此名。獭兔体型匀称,颊下有肉髯,耳长且直立,须眉细而卷曲,毛绒细密、丰厚、短而平整,外观光洁夺目,手摸被毛有凉爽的感觉。獭兔毛皮有九十多种颜色,有海狸色、白色(包括特白色)、红色、蓝色、青紫蓝色等20多种色型(图1-18)。白色獭兔全身被毛洁白,没有任何污点或杂色,是毛皮工业中最受欢迎、最有价值的毛色类型之一。

图1-17 家兔毛皮　　　　　　图1-18 獭兔毛皮

六、羊毛皮

羊毛皮产自羊(图1-19~图1-25)。羊是羊亚科的统称,哺乳纲、偶蹄目、牛科、羊亚科,是人类的家畜之一,是有毛的四腿反刍动物。毛色主要是白色。我国主要饲养山羊和绵羊。

制作裘皮的羊皮类包括绵羊皮、小绵羊皮、山羊皮和小山羊皮。

绵羊皮分粗毛绵羊皮、半细毛绵羊皮和细毛绵羊皮。粗毛绵羊皮毛粗直,纤维结构紧密,如中国内蒙古绵羊皮、哈萨克绵羊皮和西藏绵羊皮等。中国的寒羊皮、月羊皮及阗羊皮为半细毛绵羊皮。细毛绵羊皮毛细密,纤维结构疏松,如安哥拉美丽奴细毛绵羊皮和澳大利亚细毛绵羊皮(图1-19、图1-20)。

小绵羊皮又称羔皮,中国张家口羔皮、库车羔皮、贵德黑紫羔皮、毛被呈波浪花纹的浙江小湖羊皮(图1-21)、毛被呈7~9道弯的宁夏滩羔皮和滩二毛皮(图1-22),均在世界上享有盛誉。波斯羔皮又称卡拉库尔皮(图1-23),中国称三北羔皮,毛呈黑色、琥珀色、白金色、棕色、灰色及粉红色等,以毛被呈卧蚕形花卷者价值为最高。主要产自俄罗斯、阿富汗等国。

中国内蒙古长毛山羊,皮板紧密,针毛粗长,绒毛稠密(图1-24)。

小山羊皮又称猾子皮,有黑猾皮、白猾皮和青猾皮之分(图1-25)。中国济宁青猾皮驰名中外。

图1-19 澳大利亚羊毛皮　　图1-20 安哥拉羊毛皮　　图1-21 湖羊毛皮　　图1-22 滩羊毛皮

图1-23 卡拉库尔羔羊毛皮　　　图1-24 长毛山羊毛皮　　　图1-25 猾子毛皮

七、河狸毛皮

河狸,别称"海狸",河狸科、河狸属,是一种水陆两栖哺乳动物,生活在水边,外形像老鼠,体长80 cm左右,尾巴扁平,尾长20 cm左右(图1-26)。河狸体型肥壮,头短而钝,眼小,耳小及颈短。河狸门齿锋利,咬肌尤为发达,一棵直径40 cm的树只需2 h就能咬断。河狸分布在欧、亚、美洲大陆北部的广大地区,是世界上濒临灭绝的珍稀动物,在我国属于一级保护动物。河狸绒毛细柔而紧密,披有稀疏针毛,其毛皮和拔去了针毛的绒皮可以制成各类裘皮制品，其成品可与水獭毛皮产品媲美。河狸的毛皮很珍贵。由于滥捕，河狸濒临灭绝，现仅残存在欧洲的少数地区和亚洲的乌拉尔山东坡、叶尼塞河上游和阿尔泰山南坡。如今布尔根河与青河一带可能是中国唯一的产区。河狸属国家禁猎动物。

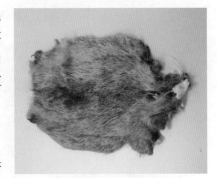

图 1-26　河狸毛皮

八、狸子毛皮

狸子是一种野生动物，俗称野狸子，其体型像家猫又比家猫大，所以又叫野狸猫。其被毛呈褐色，并带有棕色斑点，腹部颜色较淡，呈黄色或灰黄色，斑点的色泽更加清晰。

我国狸子品种繁多，分为南、北两大类。南狸子产于长江以南的两湖、两广、江西、云、贵、川等省，其毛较短，底绒显空，毛峰较粗，但斑点比较清晰（图 1-27）。尤其是云贵狸子，其毛的颜色杏黄，斑点乌黑，富有光泽，品质最佳。北狸子产于长江以北，其毛长绒足，毛色呈棕灰或棕黄，斑点为麻色，不甚清晰（图 1-28）。以质量而论，东北狸子皮质量最佳，华北、西北次之。

图 1-27　南狸毛皮

图 1-28　北狸毛皮

狸子皮用途很广，可制作大衣、帽子、领子、手套及褥子等。使用狸子皮做裘衣和褥子时，因为皮上斑点很美丽，一般都用其本色，很少染色。

九、艾虎毛皮

艾虎，中文标准名称为艾鼬，又称作艾虎、地狗，是鼬科鼬属的小型毛皮动物。艾虎体型与水貂极为相似，体型圆长匀称，头稍扁，下颌尖，耳较突出，四肢短，均为五趾，身长 30～45 cm，尾长 11～20 cm。前肢间毛短，背中部毛最长，背部略为拱曲形。尾毛稍蓬松。体侧毛色呈淡棕色（图 1-29）。艾虎栖息于海拔 3 200 m 以下的开阔山地、草原、森林、灌木丛及村庄附近。野生艾虎性情凶猛，攻击性强，善于袭击扑杀小型兽类，主要扑杀对象是鼠类。经过驯化，人工饲养的艾虎，性情极为温顺，一般徒手可提。

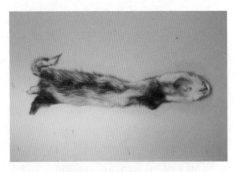

图 1-29　艾虎毛皮

十、负鼠毛皮

负鼠是负鼠目、负鼠科动物的通称，是一种比较原始的有袋类动物，主要产自拉丁美洲。负鼠个头小的有老鼠那么大，最大的则比猫大得多（图 1-30）。别看它们个头差异很大，却拥有许多共同性：长的口鼻部，像老鼠一样的小尖嘴；小耳朵没毛，薄得有些透明；有像软鞭一样能缠握树枝的长尾巴；每只脚上有 5 个趾头，每只后脚上的大拇指能折起来，贴近脚底；50 颗功能齐全的牙齿，荤素通吃。负鼠是对环境危害严重的动物之一。负鼠除了会吃鸟蛋威胁本地濒危鸟类外,还是土生植被和农作物的最大威胁者。

图 1-30 负鼠毛皮

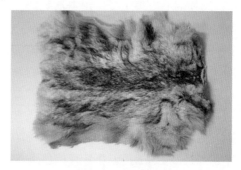

图 1-31 旱獭毛皮

十一、旱獭毛皮

旱獭又名土拨鼠、草地獭,属哺乳纲、啮齿目、松鼠科、旱獭属,又叫哈拉、雪猪、曲娃(藏语),是松鼠科中体型最大的一种,是陆生和穴居的草食性、冬眠性野生动物。旱獭体型肥大,体长 50 cm 左右,颈部粗短,耳朵短小,四肢短粗,尾短而扁平(图 1-31)。旱獭体背呈棕黄色,草甸草原、山麓平原和山地阳坡下缘为其高密度集聚区,过家族生活,个体接触密切。体短身粗,长 37~63 cm。无颈,尾、耳皆短,耳壳黑色。头骨粗壮,上唇为豁唇,上下各有一对门齿露于唇外,两眼为圆形,眶间部宽而低平,眶上突发达,骨脊高起,身体各部肌腱发达有力。旱獭体毛短而粗,毛色因地区、季节和年龄不同而有差异。旱獭被毛多为棕、黄、灰色,其毛皮的皮质较好,坚实耐磨。旱獭绒毛的染色性能较佳,加工后的毛色光亮鲜艳,用以制成裘时,工艺价值很高。

十二、黄猺毛皮

黄猺又称黄喉貂,属哺乳纲、食肉目、鼬科、貂属,体长 45~65 cm,尾长 37~65 cm,体重 2~3 kg。黄猺耳部短而圆,尾毛不蓬松,体型细长,大小如小狐狸。黄猺头较尖细,四肢虽然短小,但却强健有力,前后肢各有 5 个趾,趾爪粗壮尖利。黄猺的头及颈背部、身体的后部、四肢及尾巴的毛色均为暗棕色至黑色,喉胸部毛色鲜黄,包括腰部呈黄褐色(图 1-32)。虽然黄猺的毛绒比较软、板质良好,但由于毛绒不厚,也不稠密,短而硬,保温性能欠佳,再加上毛色较杂,即使染成黑色,毛色也难均匀,所以皮毛的质量不很理想,价值不如水貂毛皮。

图 1-32 黄猺毛皮

十三、狼狗毛皮

狼狗即狼形犬,是犬的一个品种。狼狗并不是野狼与家犬交配而产生的后代,而是属于家犬的一种。狼狗仅仅只是外形像野狼或带有少量野狼血统,与混血狼有直接区别。狼狗外形像野狼,性凶猛,嗅觉敏锐。人们多饲养狼狗来帮助看家、打猎或牧羊,其因外表像狼而得名。狼狗的标准特征:立耳、直尾或略卷尾、嘴尖而长且头骨正常、无弓鼻现象,肩高超过 50 cm,狼狗毛有短毛、中长毛和长毛(图 1-33)。

图 1-33 狼狗毛皮

十四、狼毛皮

狼,犬科哺乳动物,体型中等、匀称,四肢修长,利于快速奔跑。狼的嗅觉灵敏,听觉发达。狼毛粗而长;前足 4～5 趾,后足一般 4 趾;爪粗而钝,不能或略能伸缩;尾多毛,较发达。狼善快速及长距离奔跑,多喜群居。狼以食草动物及啮齿动物等为食,栖息于森林、沙漠、山地、寒带草原、针叶林、草地。除南极洲和大部分海岛外,狼分布全世界。狼外形与狗、豺相似,足长体瘦,斜眼,上颚骨尖长,嘴巴宽大弯曲,耳竖立,胸部略窄小,尾挺直状下垂夹于俩后腿之间。狼的毛色随产地而异,多为棕黄或灰黄色,略混黑色,下部带白色(图 1-34)。

图 1-34 狼毛皮

十五、黄鼬毛皮

黄鼬俗名黄鼠狼,体长 28～40 cm,雌性小于雄性 1/2～1/3。黄鼬身体细长,因为它周身呈棕黄或橙黄色,所以动物学上称它为黄鼬,是小型的食肉动物,栖息于平原、沼泽、河谷、村庄、城市和山区等地(图 1-35)。黄鼬主要以啮齿类动物为食,偶尔也吃其他小型哺乳动物。与很多鼬科动物一样,它们体内具有臭腺,可以排出臭气,在遇到威胁时,能迅速排出臭气,以起到麻痹敌人的作用。黄鼬的毛适合制作水彩或油画的画笔,称为"狼毫"。

图 1-35 黄鼬毛皮

图 1-36 浣熊毛皮

十六、浣熊毛皮

浣熊,原产自北美洲,现为濒危物种。浣熊体型较小,体长约 40～70 cm,尾长 20～40 cm,其最大的特征是眼睛周围的黑色区域与周围的白色的脸颜色形成鲜明对比(图 1-36)。浣熊耳朵略圆,上方为白色毛。浣熊毛皮通常为深浅不一的灰色,也有部分为棕色、黑色和淡黄色,也有罕见的白色。

第二章　常见制裘类动物毛皮感观特征图谱

一、毛皮感观特征

指通过眼看、手摸、吹气等方法来观察各种毛皮的特征。

（一）狐狸毛皮

1. 赤狐毛皮特征

赤狐毛皮有明显的针毛和绒毛之分。赤狐毛皮背脊部位为红棕色，往两边逐渐变浅，腹部为浅黄色；背脊处的绒毛长约 4 cm，根部为灰色，尖部有 1 cm 为红棕色；针毛长约 5 cm，尖部有 0.5 mm 为棕色，往根部有 1 cm 的白色，其余为棕黑色；侧面绒毛长 4~5 cm，根部为灰色，其余为浅黄色，针毛长 5~6 cm，根部为黑色或灰色，其余为浅黄色（图 2-1、图 2-2）。

图 2-1　赤狐毛皮细节　　　　　图 2-2　赤狐毛绒细节

2. 草狐毛皮特征

草狐身长（包括头）约为 60 cm，其毛皮有明显的针毛和绒毛之分。草狐绒毛比赤狐毛绒单薄，为红棕色，背脊部位颜色最深，往两边逐渐变浅，腹部为浅黄色；背脊处，绒毛长约 4 cm，根部为灰色，尖部 1 cm 为红棕色，针毛长约 5 cm，尖部 3 mm 为棕色，根部有 1 cm 的白色，其余为棕黑色；侧面绒毛为 4~5 cm，根部为灰色，其余为浅黄色，针毛长 5~6 cm，毛尖有 5 mm 为黑色，根部有 2 cm 为黄色，其余为灰色（图 2-3~图 2-5）。

3. 白狐毛皮特征

白狐非常稀有，其毛色在夏天时呈棕色或灰色，冬季来临时变成全白。白狐毛被毛整齐、丰厚、密实，有明显的针毛与绒毛之分（图 2-6）。绒毛细密，针毛细软，方向性差（垂直于皮板），针毛灵动，光泽好，纯白色，可染成多种颜色。针毛分布均匀，整齐度好，针毛与绒毛长度、细度差异不明显。顺毛方向、逆毛方向，手摸都很顺滑，打弯不成簇，两手作揖状，将毛皮搭在手上，呈自然下垂状态，可见白狐绒毛很厚，呈簇状。白狐针毛长约 5 cm，绒毛长约 4 cm。

图 2-3　草狐毛皮细节

图 2-4　草狐毛皮侧面细节

图 2-5　草狐毛皮背脊部位细节

图 2-6　白狐毛皮细节

图 2-7　蓝狐毛皮细节

4. 蓝狐毛皮特征

蓝狐身长（包括头）约为 95 cm，尾长约 40 cm，其毛皮有明显的针毛和绒毛之分，被毛丰厚，针毛不发达，绒毛厚而密，方向性差（垂直于皮板），通体呈蓝灰色，背部蓝色明显，腹部蓝色不明显（图 2-7）。针毛分布均匀，整齐度好，针毛与绒毛的长度、细度差异不明显。蓝狐毛皮顺毛方向、逆毛方向手摸都很顺滑，打弯不成簇，两手作揖状，将毛皮搭在手上，呈自然下垂状态，可见蓝狐绒毛很厚，呈簇状。针毛长 5～6 cm，绒毛长约 4 cm。绒毛根部有 2 cm 为浅灰色，其余为白色，针毛毛尖约 5～10 mm 为灰黑色，其余为白色。

5. 银狐毛皮特征

银狐身长（包括头）约为 80 cm，尾长约 35 cm。银狐毛色臀部银色重，往前颈部、头部逐渐变淡，黑色比较浓。针毛为三个色段，根部为黑色，毛尖为黑色，中间一段为白色；绒毛为灰褐色。针毛的银白色毛段比较粗而长，衬托在灰褐色绒和黑色的毛尖之间，形成了银雾状。银黑狐的吻部、双耳的背面、腹部和四肢毛色均为黑色。尾部绒毛灰褐色，针毛和背部一样，尾尖纯白色（图 2-8、图 2-9）。

6. 东沙狐毛皮特征

东沙狐身长（包括头）约为 55 cm，其毛皮有明显的针毛和绒毛之分。毛色呈浅沙褐色到暗棕色，头上颊部较暗，耳朵背面和四肢外侧呈灰棕色，腹下和四肢内侧为白色，背脊为棕红色。有明显的绒针毛（中间型毛），背脊部绒毛长约 3～3.5 cm，尖部有 1 cm 为棕红色，其余为灰色，绒针毛长 4 cm，尖部约 3 mm 为棕红色，接着往根部有 0.5 cm 为白色，再往根部为灰色至浅灰色，针毛长 5～6 cm，毛尖有 1 cm 为棕红色，根部有 1 cm 为浅灰色，其余为黑色。侧面绒毛长约 3～4 cm，尖部有 1 cm 为白色，其余为灰色。绒针毛长 5 cm，尖部约 0.5 cm 为浅棕色，接着往根部有 5 mm 为白色，再往根部为黑色，针毛长约 6 cm，尖部有 1.5 cm 为棕色，其余为黑色。背脊部的长针毛较侧面少（图 2-10、图 2-11）。

图 2-8　银狐毛皮细节

图 2-9　银狐毛绒细节

图 2-10　东沙狐毛皮细节

图 2-11　东沙狐毛绒细节

7. 西沙狐毛皮特征

西沙狐身长(包括头)约为 70 cm,其毛皮有明显的针毛和绒毛之分。其毛色背部呈褐红色,腹部白色;体侧有浅灰色宽带,与背部和腹部区分明显。有少量长针毛,长针毛为黑色。背脊部绒毛长约 2.5 cm,根部有 1 cm 为灰色,其余为黄色;针毛长约 4 cm,尖部约 3 mm 为黄色,其余为黑色。侧面绒毛长 3.5～4 cm,根部有 1 cm 为灰色,其余为白色,针毛长约 5 cm,尖部约 5 mm 为黑色,接着往根部有 1 cm 为白色,再往根部有黑色,根部为白色。腹部毛绒相对稀疏,无针毛,为纯白色绒毛,3～4 cm(图 2-12～图 2-15)。

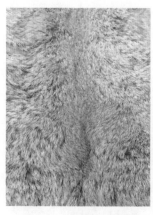

图 2-12　西沙狐毛皮细节　　图 2-13　西沙狐背部毛绒细节　　图 2-14　西沙狐侧面毛绒细节　　图 2-15　西沙狐腹部毛绒细节

8. 十字狐毛皮特征

十字狐的前肩处与背部有明显的黑十字花纹,毛皮有明显的针毛、绒毛之分,被毛丰厚,针毛不发达,绒毛厚而密,方向性差,针毛分布均匀,整齐度好,针毛与绒毛的长度、细度差异不明显,腹部被毛较背部稍薄。绒毛长约4 cm,针毛长 6～6.5 cm(图 2-16)。

图 2-16　十字狐毛绒细节

(二) 水貂毛皮

1. 黑色公貂毛皮特征

黑色公貂身长约 60 cm,尾巴长约 18 cm,全身黑色。绒毛柔软顺滑,拒水性强,滴水即落;被毛短而整齐,光亮,方向性强,从头部倒向尾部,针毛分布均匀,短、密、亮。绒毛长约 1.5 cm,针毛长约 2.3 cm(图2-17、图 2-18)。

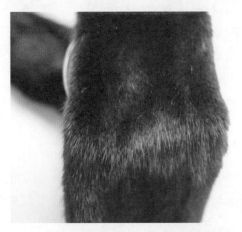

图 2-17　黑色公貂毛皮细节

图 2-18　黑色公貂毛绒细节

2. 褐色母貂毛皮特征

褐色母貂身长约 47 cm,尾巴长约 16 cm,全身褐色。绒毛柔软顺滑,拒水性强,滴水即落;被毛短而整齐、光亮,方向性强,从头部倒向尾部;针毛分布均匀,短、密、亮。相对于公貂,母貂的体型小一些,毛皮柔软一些,底绒厚,毛较短,毛细密而轻盈。绒毛长约 1.4 cm,针毛长约 2.3 cm(图 2-19、图 2-20)。

图 2-19　褐色母貂毛皮细节

图 2-20　褐色母貂毛绒细节

3. 十字公貂毛皮特征

十字公貂身长约 60 cm，基本为灰白色，背脊处有一条黑色纹，与前肢处的黑色纹刚好形成十字。侧面为灰白色，腹部为纯白色。被毛的方向性强，从头部倒向尾部，针毛分布均匀，针毛短、密、亮。绒毛长约 1.5 cm，针毛长约 2.5 cm（图 2-21、图 2-22）。

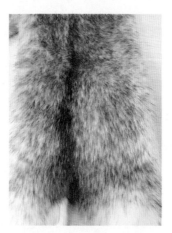 

图 2-21　十字公貂毛皮细节　　　　图 2-22　十字公貂毛绒细节

（三）青根貂毛皮

青根貂的整张毛皮长约 35 cm，有明显的针毛与绒毛之分，针毛有明显的方向性，均倒向尾部。青根貂毛皮的底绒丰厚，背部绒毛长约 2 cm，腹部绒毛长约 1.5 cm，绒颜色均匀，均为青灰色，绒尖的 0.2 cm 为棕黄色。这是青根貂区别于其他动物毛皮的地方。青根貂针毛灵动，光泽好，背部针毛呈棕褐色，两侧及腹部为棕色，颜色浅于背部针毛，且背部针毛较长，约为 4 cm，尾部的针毛最长，有的达到了 5 cm，腹部针毛长约2.5 cm（图 2-23～图 2-25）。

图 2-23　青根貂腹部毛皮　　图 2-24　青根貂腹部毛皮细节　　图 2-25　青根貂背部毛绒细节

（四）貉子毛皮

1. 南貉毛皮特征

南貉身长（包括头）约为 65 cm，其毛皮有明显的针毛绒毛之分。南貉毛皮的张幅较小，被毛呈黄色或沙黄色，背中央掺杂较多的黑毛梢，针毛尖部黑色，有明显的方向性，均倒向尾部。针毛长 7～8 cm，毛尖有 1 cm 为黑色，中段为黄色，底部为灰色。绒毛长约 3 cm，为黄灰色（图 2-26、图 2-27）。

图 2-26 南貉毛皮细节

图 2-27 南貉毛绒细节

2. 北貉毛皮特征

北貉身长(包括头)约为 70 cm,尾长约 22 cm,其毛皮有明显的针毛与绒毛之分。北貉皮毛长绒厚,背毛呈黑棕色或棕黄色,针毛尖部为黑色,方向性差(垂直于皮板),背中央掺尽可能较多的黑毛梢。针毛长 9~11 cm,绒毛长 7~8 cm。绒毛毛尖有 1 cm 为黄色,其余为灰色;针毛毛尖有 1 cm 为黑色,中段为黄色,底部为灰色(图 2-28、图 2-29)。

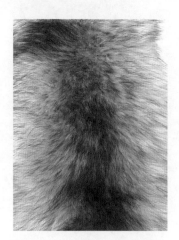
图 2-28 北貉毛皮背部细节

图 2-29 北貉毛绒细节

3. 美洲貉毛皮特征

美洲貉身长(包括头)约为 70 cm,尾长约 25 cm,其毛皮有明显的针毛与绒毛之分。美洲貉毛被较长并具光泽,底绒柔软致密。美洲貉体背呈灰黑色,尾巴为黑色、灰色环状纹。针毛长 6~7 cm,绒毛长 3~4 cm。绒毛为灰褐色;针毛毛尖有 2 cm 为黑色,中段有 1 cm 为淡黄色,底部为灰色(图 2-30、图 2-31)。

(五) 兔毛皮

1. 家兔毛皮特征

家兔的整张毛皮长 30~40 cm,被毛较短,有明显的针毛与绒毛之分。针毛有明显的方向性,均倒向尾部。针毛分布均匀,整齐度好,针毛与绒毛的长度、细度差异不明显。绒毛薄而细腻,毛尖明显,易掉毛。针毛长约 3 cm,绒毛长约 2 cm(图 2-32)。

图 2-30　美洲貉毛皮细节

图 2-31　美洲貉毛绒细节

图 2-32　家兔毛绒细节

图 2-33　獭兔毛绒细节

2. 獭兔毛皮特征

獭兔的整张毛皮长 30～40 cm,绒毛丰厚、细腻、密实、平齐,无明显的方向性,绒毛垂直于皮板,被毛短、平、密。绒毛长度约 1.8 cm(图 2-33)。

(六) 羊毛皮

1. 澳大利亚绵羊毛皮特征

澳大利亚绵羊剪绒毛皮毛被丰厚、平整,有细波浪形弯曲,特别适合做皮毛一体产品(图 2-34)。

2. 安哥拉绵羊毛皮特征

安哥拉绵羊毛皮毛被有卷卷的小花纹,羊毛长约 4 cm,无绒毛(图 2-35)。

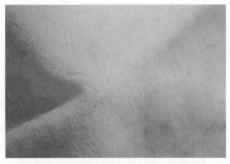

图 2-34　澳大利亚绵羊毛皮细节

图 2-35　安哥拉绵羊毛皮细节

3. 小湖羊毛皮特征

小湖羊毛皮为未经哺乳即行宰剥的皮。小湖羊身长约 40 cm,其毛皮的皮板轻软薄韧,毛绒洁白、细柔而光润,并具有美丽的天然波浪花纹。小湖羊毛长约 2 cm,无绒毛(图 2-36)。

图 2-36　小湖羊皮细节　　　图 2-37　滩羊毛皮细节　　　图 2-38　长毛山羊毛皮细节

4. 滩羊毛皮特征

滩羊毛皮无绒毛,羊毛长约 11 cm,聚集呈股状,每股有 5～7 个弯曲和美丽的花穗,呈玉白色,光泽悦目,皮板轻暖、结实,是名贵的裘皮原料(图 2-37)。

5. 长毛山羊毛皮特征

长毛山羊毛皮毛根处稍有卷曲,羊毛有一定的花纹。其毛比一般山羊毛略粗,无绒毛,毛长 9～10 cm(图 2-38)。

6. 白猾子毛皮特征

白猾子皮是从小山羊身上剥下来的皮,经加工鞣制的毛皮变得轻薄、柔软,毛丝细密、丰满、光亮、灵活、不发黏、不打绺、无灰无味,成品依然保持着自然卷曲的美丽花纹,独具风格。白猾子毛长约 2.5 cm,无绒毛(图 2-39)。

小湖羊皮和白猾子皮都属于小羊皮的一种,两种相比较,小湖羊皮的花纹卷曲更多一些,更漂亮一些,小湖羊的毛稍短一些。

图 2-39　白猾子毛皮细节

(七) 河狸毛皮

河狸身长(包括头)约为 50 cm,成年河狸背部毛色呈棕褐色,头部和腹部毛色较背部浅。河狸体披长而粗的针毛和密而柔软的绒毛。其针毛长 5～7 cm,绒毛长约 1.5 cm。针毛黄棕色,针毛基部和绒毛均为棕灰色。拔去针毛后的河狸绒毛皮为棕灰色(图 2-40、图 2-41)。

图 2-40　河狸毛皮细节　　　图 2-41　河狸毛绒细节

（八）狸子毛皮

1. 南狸毛皮特征

南狸身长（包括头）约 55 cm，尾长约 13 cm，其毛皮有明显的针毛与绒毛之分，通体有漂亮的花纹。南狸的腹部及下颌部为白底黑色斑点，背部为棕黄色底黑色斑点，中间脊梁处为狭长的条纹斑点。南狸的全身针毛绒毛长度相对均匀，绒毛长约 2 cm，针毛长约 2.5 cm；腹部白底处，针毛绒毛根部 0.5 cm 为灰色，其余为白色；黑点处，根部 0.5 cm 为灰色，其余颜色稍深；背部棕黄色底处，针毛绒毛根部 1 cm 为灰色，其余黄色；黑色花纹处，绒毛为灰色，针毛尖部 1 cm 为黑色，其余为黄色（图 2-42～图 2-44）。

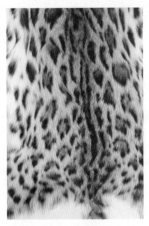  

图 2-42　南狸毛皮细节　　　图 2-43　南狸腹部毛绒细节　　　图 2-44　南狸背部毛绒细节

2. 北狸毛皮特征

北狸身长（包括头）约 50 cm，其毛皮有明显的针毛与绒毛之分，通体有黄棕色花纹，但不如南狸毛皮的花纹清晰。北狸毛皮比南狸毛皮的绒毛、针毛略长，腹部皮板较背部单薄，腹部绒毛长约 1.5 cm，针毛长约 2.5 cm，背部绒毛长约2.5 cm，针毛长约 3.5 cm。腹部颜色浅处，针毛绒毛根部 0.5 cm 为浅棕灰色，其余为浅黄色，针毛尖部为黄色，其他为棕色。背部绒毛尖部 1 cm 为黄色，根部为灰色，浅色部位为针毛毛尖约 2 mm 为黑色，往根部有 0.5 cm 为黄色，深色部位针毛绒毛棕色，针毛毛尖部位有部分黄色和黑色（图 2-45～图 2-47）。

图 2-45　北狸毛皮细节　　　图 2-46　北狸腹部毛绒细节　　　图 2-47　北狸背部毛绒细节

（九）艾虎毛皮

艾虎身长（包括头）约 58 cm，尾长约 15 cm。艾虎毛皮的颜色，身体背后和尾基部有三分之二呈黄色或浅棕色，腰部背面有部分黑尖针毛形成浅黑色，脸和颊部呈棕灰色，眼周多为黑色，耳朵近似白色、喉部、腹部、四肢、鼠鼷部及尾部末端三分之一为黑色或棕黑色，腹侧呈灰橘黄色。绒毛长约 2.5 cm，针毛长约 4 cm。绒毛为淡黄色，针毛尖部 1 cm 为浅黑色，其余为淡黄色（图 2-48、图 2-49）。

図 2-48　艾虎毛皮细节　　　　图 2-49　艾虎毛绒细节

（十）负鼠毛皮

负鼠身长（包括头）约 55 cm，尾长约 13 cm，其毛皮有明显的针毛绒毛之分，针毛较长较硬，有明显的方向性，均倒向尾部。背部绒毛长约 4 cm，尖部 1 cm 为黑灰色，其余为白色；针毛长约 6 cm，为纯白色。侧面及腹部针毛不及背部发达，腹部针毛绒毛相对较短，与腹部颜色一致（图 2-50、图 2-51）。

图 2-50　负鼠背部毛皮细节　　　图 2-51　负鼠背部毛绒细节

（十一）旱獭毛皮

旱獭身长约 50 cm。一般体毛短而粗，底绒少，腹部皮板单薄，只有针毛，为黄色。背部毛色为浅黄色，毛尖为黑色，背部有明显的针毛与绒毛之分。针毛有明显的方向性，均倒向尾部。背部针毛长约 3.5 cm，针毛根部有 1 cm 为灰色，中部淡黄色，尖部有 1 cm 为黑色。绒毛长约 2 cm，绒毛根部有 1 cm 为灰色，其他为淡黄色（图 2-52、图 2-53）。

图 2-52　旱獭腹部毛绒细节　　图 2-53　旱獭背部毛绒细节　　图 2-54　黄猺毛绒细节

（十二）黄猺毛皮

黄猺身长（包括头）约 85 cm，尾长约 25 cm，其毛皮呈黄棕色，有明显的针毛与绒毛之分。绒毛较短，针毛较硬，绒毛长约 2 cm，针毛长 4～5 cm。绒毛为褐色，针毛毛尖约 4 mm 为黑色，向下约 1 cm 为黄色，至毛根为黑色（图 2-54）。

（十三）狼狗毛皮

狼狗身长约 95 cm，其毛皮有明显的针毛与绒毛之分。皮板相对单薄。整体毛色呈黄棕色，背部毛尖黑色。针毛绒毛长度不均匀，脖颈、后背处较长，背部针毛长约 6.5 cm，绒毛长约 3.5 cm。针毛从根部起毛色有白色—黑色—白色—黑色的变化，绒毛颜色不均匀，基本为底部灰色，尖部有 1 cm 为黄色（图 2-55、图 2-56）。

图 2-55　狼狗背部前段毛绒细节　　图 2-56　狼狗背部后段毛绒细节　　图 2-57　狼毛绒细节

（十四）狼毛皮

狼身长约 90 cm，尾巴长约 30 cm，其毛皮有明显的针毛与绒毛之分。狼毛皮的底绒比狼狗毛皮丰厚，比狐狸毛皮薄一些。背部毛色呈浅黄棕色，腹部和四肢内侧毛色较淡，呈白色。背部针毛长 8.5～9.0 cm，针毛白色，毛尖有 1 cm 为黑色，偶尔有些针毛从根部起毛色有白色—黑色—白色—黑色的变化。绒毛长约 6 cm，底部为灰色，毛尖有 1 cm 为黄色或发白色。

(十五) 黄鼬毛皮

黄鼬身长约 40 cm(不含尾巴),其毛皮通体呈黄色,有明显的针毛与绒毛之分。针毛和绒毛都有明显的方向性,均倒向尾部。逆向翻开针毛和绒毛,可见毛的根部呈浅灰色,中部呈浅黄色,尖部为黄色。针毛长 2.5～3 cm,根部一半为浅黄灰色,毛尖呈黄色。黄鼬毛皮的绒毛长约 2 cm,底部为浅灰色,尖部为浅黄色(图 2-58)。

图 2-58　黄鼬毛绒细节　　　　图 2-59　浣熊毛绒细节

(十六) 浣熊毛皮

浣熊身长约 80 cm(不含尾巴),其毛皮有明显的针毛与绒毛之分。针毛与绒毛都有明显的方向性,均倒向尾部。逆向翻开针毛与绒毛,可见毛的颜色从根部至毛尖过渡:浅灰色—灰色—浅黄色—黑色。背部针毛长约 6 cm,针毛根部约 1/3 为灰色,中间为浅黄色,尖部 1/3 为黑色。绒毛长约 3.5 cm,颜色分为两截,根 1/2 为浅黄色,尖 1/2 为灰色。针绒毛的颜色变化形成了我们看到的背部黑黄色的视觉效果。浣熊腹部的毛要稀疏些,且针毛基本为白色,绒毛为灰色,背部没有花纹效果(图 2-59)。

二、毛皮鉴别

(1) 如果是整张毛皮,可以根据动物的大小、各个部位毛皮形态及颜色来加以鉴别,这种鉴别相对比较容易。但用作裘皮服装或家居用品时,毛皮都是一块块或一条条拼接而成的,局部样品的鉴别就比较难。

(2) 对局部样品进行鉴别时,可以从毛皮皮板的形态、大小、手感、针毛和绒毛的灵活度及长度等特征差异来鉴别。各类动物毛皮的感官特征及针毛和绒毛差异见表 2-1。

表 2-1　各类动物毛皮的感官特征及针毛和绒毛差异

动物种类	宏观观察	针毛长度(cm)	绒毛长度(cm)
狐狸	张幅大,毛长绒厚,毛被光润,保暖性好,华贵美观;针毛挺直、稠密、细软、滑润、色泽光润;绒毛丰厚,有波浪形弯曲	5～6	约 4
水貂	针毛粗壮、短平,排列顺序整齐,手摸顺滑,毛色发亮;底绒密,拔针后的貂绒有细腻、滑爽的回弹感	约 2.5	约 1.4
青根貂	针毛灵动、光泽好,呈棕褐色;底绒丰厚,颜色均匀,绒尖的 2 mm 为棕黄色,其余为青灰色	4～5	1.5～2

（续表）

动物种类	宏观观察	针毛长度（cm）	绒毛长度（cm）
貉子	针毛呈一撮撮聚拢状,粗糙、散乱,光泽黯淡;一般针毛分三段色,毛尖1～2 cm为黑色,中段为黄色,根部为灰色;绒毛有波浪形弯曲;针毛和绒毛的长度差别较大,相差约3 cm	南貉皮毛、美洲貉皮毛:6～8 北貉皮毛:9～11	南貉皮毛、美洲貉皮毛:3～4 北貉皮毛:7～8
兔	家兔:毛色光润,针毛有明显的方向性,均倒向尾部	约3	约2
兔	獭兔:整体外观平整,毛被灵动,没有明显方向感,毛色有光泽,针毛极少,毛纤维短、细、密、牢	—	约1.8
羊	澳大利亚绵羊:剪绒产品丰厚、平整,有细波浪形弯曲	—	—
羊	安哥拉羊:羊毛有卷卷的小花纹,无绒毛	约4	—
羊	小湖羊:皮板轻软薄韧,毛绒洁白、细柔而光润,并具有美丽的天然波浪花纹,无绒毛	约2	—
羊	滩羊:无绒毛,羊毛聚集呈股状,每股有5～7个弯曲和美丽的花穗,呈玉白色,光泽悦目、轻暖、结实,是名贵的裘皮原料	约11	—
羊	长毛山羊:毛尖稍有卷曲,羊毛形成一定的花纹,毛比一般山羊毛略粗,无绒毛	9～10	—
羊	猾子:柔软,毛丝细密、丰满、光亮、灵活,有自然卷曲的美丽花纹,独具风格,无绒毛	约2.5	—
河狸	针毛长而粗,绒毛密而柔软。针毛绒毛长度相差特别大,一般拔去针毛作为河狸绒使用,河狸绒与獭兔毛绒不易区分。可借助后续的显微镜、扫描电镜方法区分	5～7	约1.5
狸子	狸子毛皮,皮板薄软,通体有漂亮的棕黄黑色花纹。一般使用时会保留原有的花纹,不会另外染色	2.5～3.5	2～2.5
艾虎	针毛尖1 cm为浅黑色,绒毛为淡黄色	约4	约2.5
负鼠	针毛较长、较硬,有明显的方向性,均倒向尾部。针毛为纯白色。绒毛尖端为黑色	约6	约4
旱獭	一般体毛短而粗,底绒少,腹部皮板单薄,只有针毛,背部针绒毛之分,针毛分为三段色,根部1 cm为灰色,中部淡黄色,尖部1 cm为黑色。绒毛根部灰色,其他为淡黄色	约3.5	约1
黄猺	黄棕色,粗糙,光泽暗淡,针毛较硬,绒毛较短,针毛分为三段色,毛尖有约4 mm为黑色,根部1 cm为灰色,向下约1 cm为黄色,至毛根为黑色	4～5	约2
狼狗	皮板光泽暗淡,绒毛少,针毛绒毛长度不均匀,颜色混杂	约6.5	约3.5
狼	皮板光泽暗淡,绒毛比狼狗多,针毛毛色不均匀,绒毛底部为灰色,毛尖1 cm为黄色或发白色	8.5～9	约6
黄鼬	通体黄色,根部一半为浅黄灰色,毛尖黄色。绒毛根部为浅灰色,尖部为浅黄色	2.5～3	约2
浣熊	毛色呈黄棕色,毛粗糙,针毛根部约1/3为灰色,中间为浅黄色,尖部1/3为黑色。绒毛颜色分为2截,根1/2为浅黄色,尖1/2为灰色	约6	约3.5

（3）宏观观察法不能判别的,可借助显微镜观察法、扫描电镜观察法,结合标准样品鉴别。

第三章 常见制裘类动物毛皮
显微镜观察图谱

利用光学显微镜观察动物毛皮上针毛、绒毛的纵向及横截面形态。

一、仪器

OLYMPUS CX31 光学显微镜(简称"显微镜"),日本奥林巴斯公司;XGD～1B 型羊毛羊绒分析仪,上海新纤仪器有限公司。

二、实验方法

① 试样清洁:从毛皮背脊部位随机选取毛纤维样品,用丙酮浸泡洗涤,干燥备用。

② 制样:

纵向:将浸泡洗涤后的绒毛在载玻片上放平,滴 1～2 滴液体石蜡,盖上盖玻片以备观察。

横截面:将浸泡洗涤后的毛纤维用手排法整理平直,滴 1～2 滴火棉胶固定,将固定后的毛纤维束放入纤维切片器中,夹入的纤维束数量以轻拉纤维束时稍有移动为宜。用锋利的单面刀片切片,将切好的试样放置于滴有液体石蜡的载玻片上,盖上盖玻片,以备观察。

③ 将制好的纵向及横截面切片放在光学显微镜的载物台上,从不同的角度观察,然后挑出最好的视野,选取代表性的位置进行拍照。

三、毛皮显微镜特征

(一) 狐狸毛皮

1. 赤狐针毛、绒毛显微镜观察结果

针毛纵向:中间有髓,从根部起,髓质为扁平形,呈不规则排列,一排有 2～3 个扁平的髓质单元,中间有部分髓质连续状,至尖部时,髓质为一列。从毛根至毛尖,鳞片高度变大,再变小,中段偏上时呈环状包裹毛干,尖部在显微镜放大 400 倍下看不到鳞片(图 3-1)。

绒毛纵向:髓质从毛根至毛尖,根部无髓—出现断断续续的髓质—髓质呈拉长的椭圆形的"回"字型—髓质呈近似圆形—髓质呈拉长的椭圆形的"回"字型—髓质不连续。

鳞片从毛根至毛尖:鳞片包裹毛干—鳞片高度变大,翘角变大—鳞片翘角变小—鳞片包裹毛干(图 3-2)。

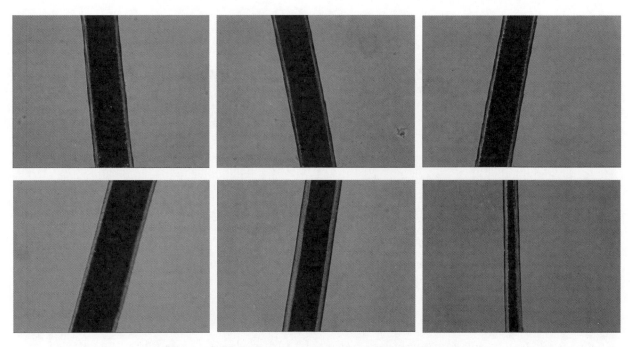

图 3-1 赤狐针毛纵向(由根部至尖部)显微镜观察图(×200)

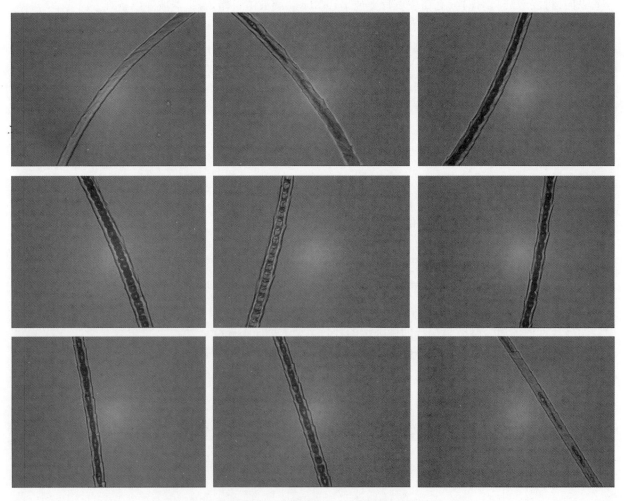

图 3-2 赤狐绒毛纵向(由根部至尖部)显微镜观察图(×400)

横截面：髓腔和皮质层呈圆形或椭圆形（图3-3、图3-4）。

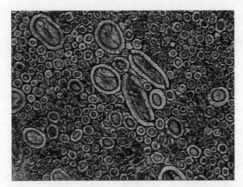
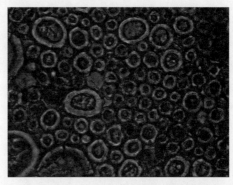

图3-3　赤狐针毛、绒毛横截面显微镜观察图（×200）　　图3-4　赤狐针毛、绒毛横截面显微镜观察图（×400）

2. 草狐针毛、绒毛显微镜观察结果

针毛纵向：与赤狐相似，中间有髓，从根部起，髓质为扁平形，呈不规则排列，一排有2～3个扁平的髓质单元，中间有部分髓质连续状，至尖部时，髓质为一列。

鳞片从毛根至毛尖：鳞片高度变大，再变小，中段偏上时呈环状包裹毛干，尖部，在显微镜放大400倍下，看不到鳞片（图3-5）。

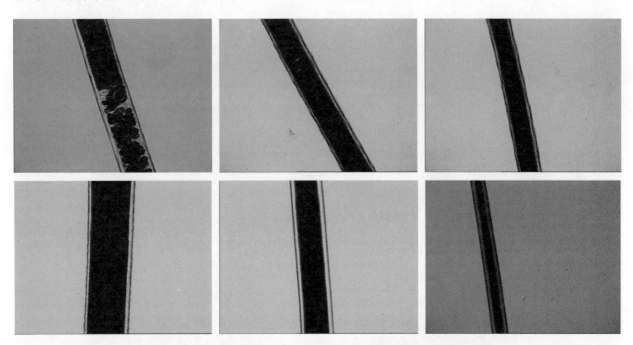

图3-5　草狐针毛纵向（由根部至尖部）显微镜观察图（×200）

绒毛纵向：髓质从毛根至毛尖，没有太大太明显的变化，呈算盘珠型，一个个均匀叠加，至毛尖时，随着绒毛变细，髓质变窄。

鳞片从毛根至毛尖：根部鳞片较高，鳞片翘角明显，中部鳞片高度稍低，翘角稍大，至毛尖鳞片高度变低，再至400倍显微镜下看不到鳞片（图3-6）。

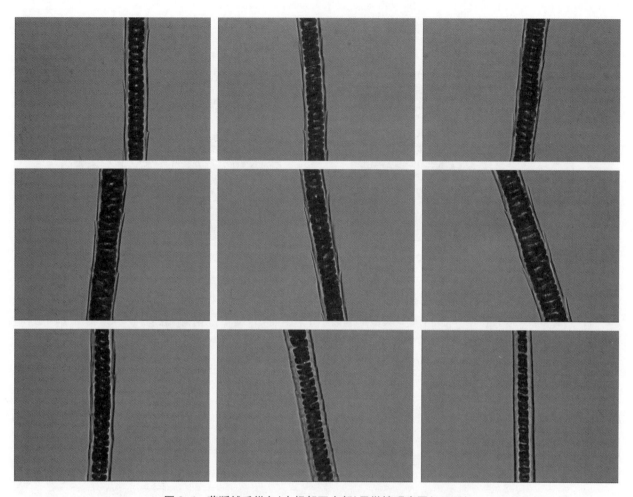

图 3-6　草狐绒毛纵向(由根部至尖部)显微镜观察图(×400)

横截面:针毛和绒毛的髓腔和皮质层呈圆形或椭圆形(图 3-7、图 3-8)。

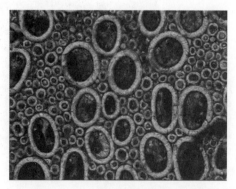

图 3-7　草狐针毛、绒毛横截面显微镜观察图(×200)

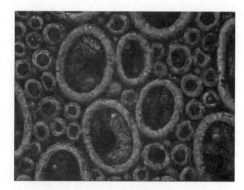

图 3-8　草狐针毛、绒毛横截面显微镜观察图(×400)

3. 白狐针毛、绒毛显微镜观察结果

针毛纵向:根部无髓质,无鳞片,追踪往上,开始出现髓质,且髓质由不连续转变为连续一列,至中部时,髓质为扁平形,呈不规则排列,一排有 2~3 个扁平的髓质单元,中间有部分髓质连续状,至尖部时,髓质转变为不连续直至髓质消失(图 3-9)。鳞片从毛根至毛尖:鳞片高度变大、再变小,尖部在显微镜放大400 倍下,看不到鳞片。

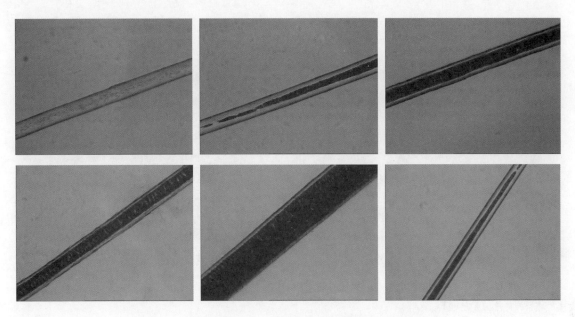

图 3-9 白狐针毛纵向(由根部至尖部)显微镜观察图(×200)

绒毛纵向:髓质从毛根至毛尖,根部无髓—出现断断续续髓质—髓质呈拉长的椭圆形的"回"字型,像算盘珠一样呈一列排列—髓质不连续至尖部无髓质。

鳞片从毛根至毛尖:鳞片包裹毛干—鳞片高度变大,翘角变大—鳞片翘角变小—鳞片包裹毛干(图 3-10)。

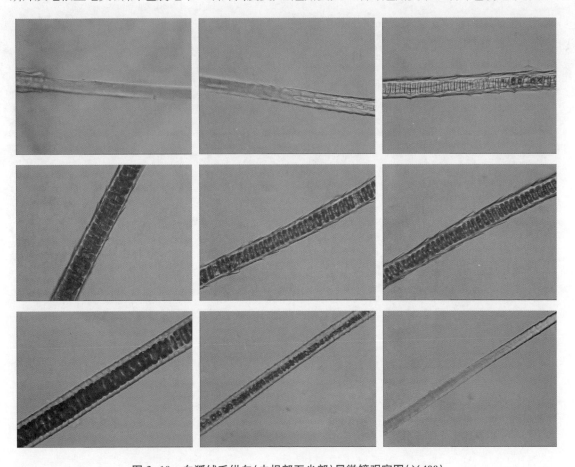

图 3-10 白狐绒毛纵向(由根部至尖部)显微镜观察图(×400)

横截面：髓腔和皮质层呈圆形或椭圆形（图3-11、图3-12）。

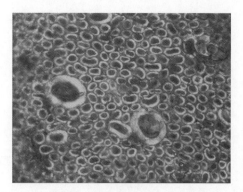 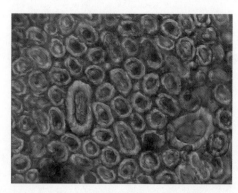

图 3-11　白狐针毛、绒毛横截面显微镜观察图（×200）　　图 3-12　白狐针毛、绒毛横截面显微镜观察图（×400）

4. 蓝狐针毛、绒毛显微镜观察结果

针毛纵向：毛根至毛尖，根部无髓质、无鳞片—髓质不连续至呈一列均匀排列，至中部时，髓质为扁平形，呈不规则排列，一排有 2～3 个扁平的髓质单元，鳞片高度变大，鳞片翘角变大—至毛尖，髓质呈连续状，鳞片高度变小（图3-13）。

图 3-13　蓝狐针毛纵向（由根部至尖部）显微镜观察图（×200）

绒毛纵向：髓质呈算盘珠型，一个个均匀叠加，从毛根至毛尖没有太明显的变化，至毛尖时，随着绒毛变细，髓质变窄，最尖部则无髓质。

鳞片从毛根至毛尖：根部鳞片较高，鳞片翘角明显，中部鳞片高度稍低，翘角稍大，至毛尖鳞片呈环状包裹毛干（图3-14）。

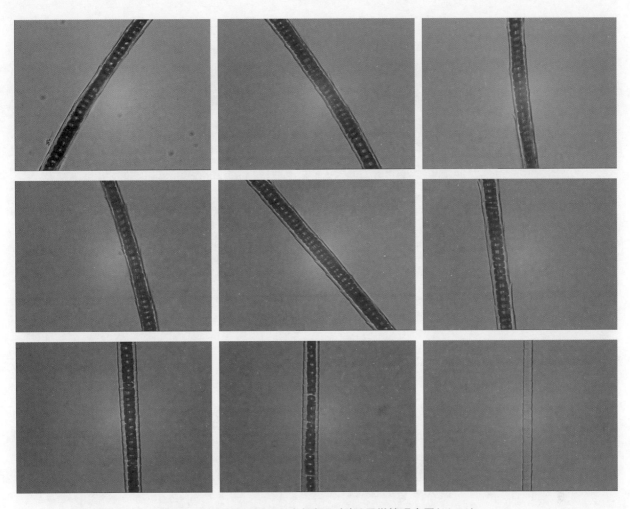

图 3-14　蓝狐绒毛纵向(由根部至尖部)显微镜观察图(×400)

横截面:髓腔和皮质层呈圆形或椭圆形(图 3-15、图 3-16)。

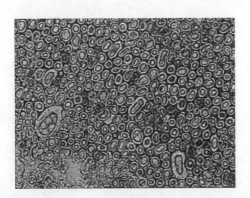
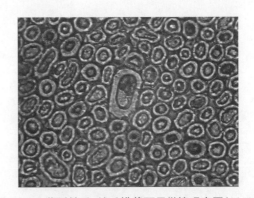

图 3-15　蓝狐针毛、绒毛横截面显微镜观察图(×200)　　图 3-16　蓝狐针毛、绒毛横截面显微镜观察图(×400)

5. 银狐针毛、绒毛显微镜观察结果

针毛纵向:髓质为扁平形,呈不规则排列,一排有 2~3 个扁平的髓质单元,鳞片高度变大,鳞片翘角变大一至毛尖,髓质呈连续状,鳞片高度变小(图 3-17)。

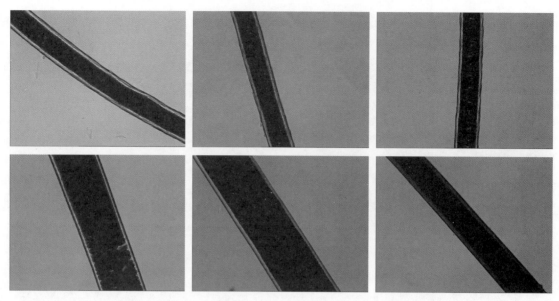

图 3-17 银狐针毛纵向(由根部至尖部)显微镜观察图(×200)

绒毛纵向:根部髓质不连续—髓质连续状—髓质呈算盘珠型,一个个均匀叠加,至毛尖时,随着绒毛变细,髓质变窄,变为连续状,最尖部则无髓质。

鳞片从毛根至毛尖:根部鳞片不明显过渡到鳞片翘角明显,中部鳞片高度稍低、翘角稍大,至毛尖鳞片呈环状包裹毛干(图 3-18)。

图 3-18 银狐绒毛纵向(由根部至尖部)显微镜观察图(×400)

横截面:髓腔和皮质层呈圆形或椭圆形(图 3-19、图 3-20)。

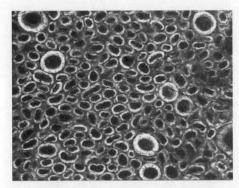
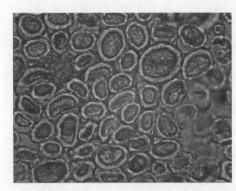

图 3-19　银狐针毛、绒毛横截面显微镜观察图(×200)　　图 3-20　银狐针毛、绒毛横截面显微镜观察图(×400)

6. 东沙狐针毛、绒毛显微镜观察结果

针毛纵向:髓质为扁平形,呈不规则排列,一排有 2～3 个扁平的髓质单元,鳞片高度变大,鳞片翘角变大,至毛尖髓质呈连续状,鳞片高度变小(图 3-21)。

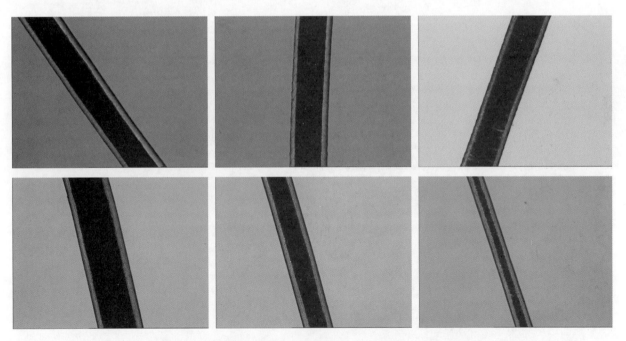

图 3-21　东沙狐针毛纵向(由根部至尖部)显微镜观察图(×200)

绒针毛(中间型毛)纵向:髓质为扁平形,呈不规则排列,一排有 2～3 个扁平的髓质单元,鳞片高度变大,鳞片翘角变大—至毛尖,髓质呈连续状,鳞片高度变小(图 3-22)。

绒毛纵向:髓质呈算盘珠形,一个个均匀叠加,至毛尖时,随着绒毛变细,髓质变窄,变为连续状,最尖部则无髓质。

鳞片从毛根至毛尖:根部鳞片较高、鳞片翘角明显,中部鳞片高度稍低、翘角稍大,至毛尖鳞片呈环状包裹毛干(图 3-23)。

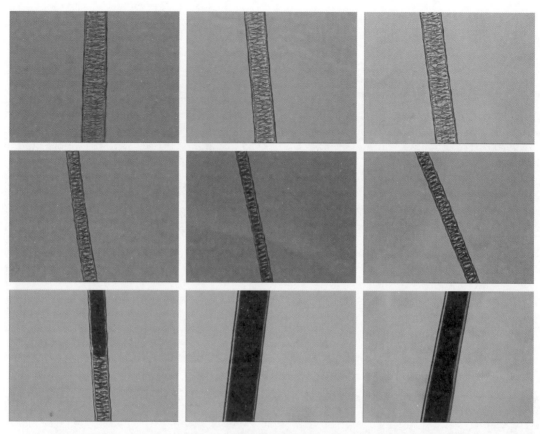

图 3-22 东沙狐绒针毛纵向（由根部至尖部）显微镜观察图（×200）

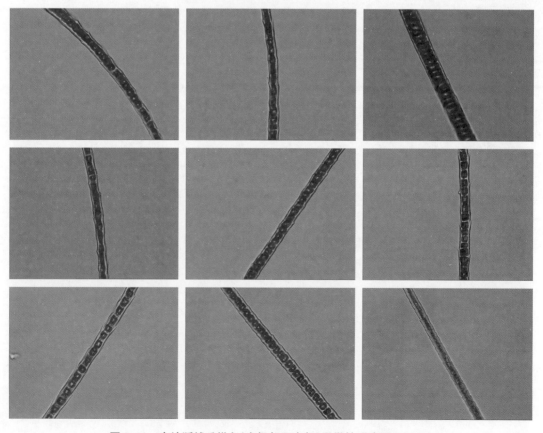

图 3-23 东沙狐绒毛纵向（由根部至尖部）显微镜观察图（×400）

横截面:绒毛的髓腔和皮质层呈圆形,针毛的髓腔和皮质层呈长椭圆形。针毛的横截面形态与其他狐狸毛不同(图3-24、图3-25)。

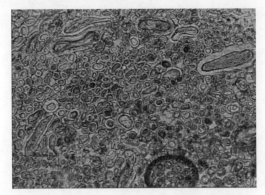 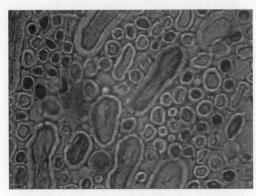

图3-24　东沙狐针毛、绒毛横截面显微镜观察图(×200)　　　图3-25　东沙狐针毛、绒毛横截面显微镜观察图(×400)

7. 西沙狐针毛、绒毛显微镜观察结果

针毛纵向:髓质为扁平形,呈不规则排列,一排有2~3个扁平的髓质单元,中间有部分髓质呈连续状,至尖部时,髓质完全连续状。从根部至尖部,皮质层宽度变小,从毛根至毛尖,鳞片高度变大,再变小(图3-26)。

图3-26　西沙狐针毛纵向(由根部至尖部)显微镜观察图(×200)

绒针毛(中间型毛)纵向:髓质呈一列均匀排列,至中部时,髓质为扁平形,呈不规则排列,一排有2~3个扁平的髓质单元,鳞片高度变大,鳞片翘角变大,至毛尖时,髓质呈连续状,鳞片高度变小(图3-27)。

绒毛纵向:髓质呈算盘珠型,一个个均匀叠加,至毛尖时,随着绒毛变细,髓质变窄,变为不连续状。

鳞片从毛根至毛尖:鳞片翘脚明显,至毛尖鳞片呈环状包裹毛干(图3-28)。

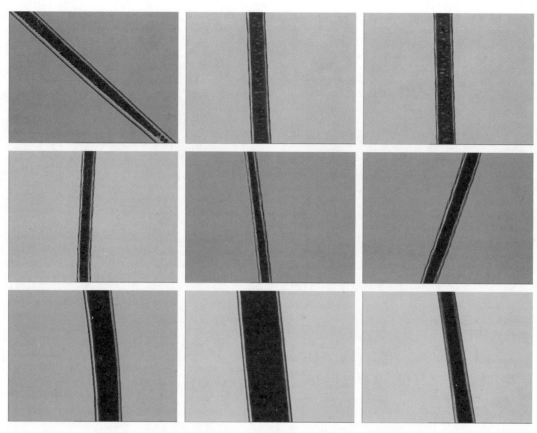

图 3-27　西沙狐绒针毛纵向(由根部至尖部)显微镜观察图(×200)

图 3-28　西沙狐绒毛纵向(由根部至尖部)显微镜观察图(×400)

横截面:髓腔和皮质层呈圆形或椭圆形(图 3-29、图 3-30)。

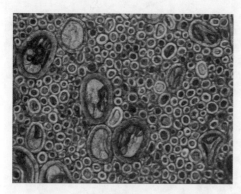

图 3-29　西沙狐针毛、绒毛横截面
　　　　显微镜观察图(×200)

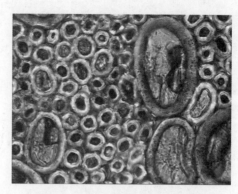

图 3-30　西沙狐针毛、绒毛横截面
　　　　显微镜观察图(×400)

8. 十字狐针毛、绒毛显微镜观察结果

针毛纵向:髓质为扁平形,呈不规则排列,一排有 2～3 个扁平的髓质单元,至尖部时,髓质完全呈连续状。从毛根至毛尖,鳞片高度变大,再变小(图 3-31)。

图 3-31　十字狐针毛纵向(由根部至尖部)显微镜观察图(×200)

绒毛纵向:髓质呈不规则压扁的"回"字形,一个个叠加,至毛尖时,随着绒毛变细,髓质变窄,变为不连续状。

鳞片从毛根至毛尖:根部鳞片较高、鳞片翘角明显,中部鳞片高度稍低、翘角稍大,至毛尖时鳞片呈环状包裹毛干(图 3-32)。

图 3-32　十字狐绒毛纵向（由根部至尖部）显微镜观察图（×400）

横截面：髓腔和皮质层呈圆形或椭圆形（图 3-33、图 3-34）。

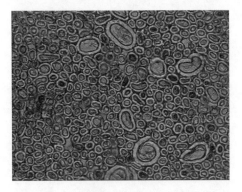

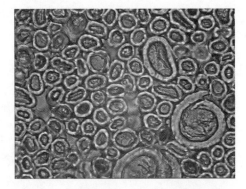

图 3-33　十字狐针毛、绒毛横截面显微镜　　　图 3-34　十字狐针毛、绒毛横截面显微镜
　　　　　观察图（×200）　　　　　　　　　　　　　观察图（×400）

（二）水貂毛皮

1. 黑色公貂针毛、绒毛显微镜观察结果

针毛纵向：毛根至毛尖，根部无髓质、鳞片细密—髓质不连续至呈一列排列，髓质为扁平形，较细长，呈不规则排列，鳞片明显呈尖瓣型—至毛尖时髓质呈连续状，鳞片高度变小，毛尖看不出鳞片（图 3-35）。

绒毛纵向：根部无髓质。鳞片细密—髓质呈算盘珠形，一个个均匀叠加，至毛尖时，随着绒毛变细，髓质变窄。

鳞片从毛根至毛尖：根部鳞片细密过渡到鳞片翘角明显，中部鳞片高度稍高、翘角稍大，至毛尖时鳞片高度变低、翘角变小（图 3-36）。

图 3-35 黑色公貂针毛纵向(由根部至尖部)显微镜观察图(×200)

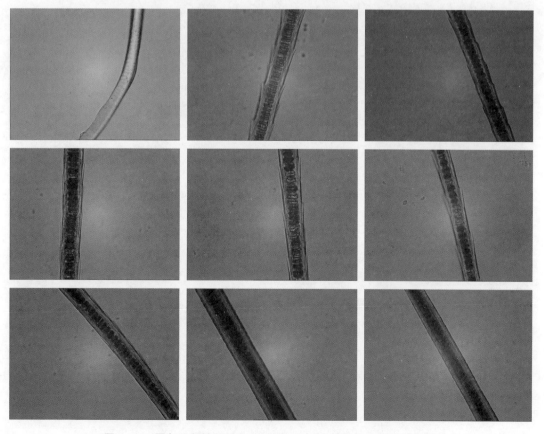

图 3-36 黑色公貂绒毛纵向(由根部至尖部)显微镜观察图(×400)

横截面：髓腔和皮质层呈圆形或椭圆形，皮质层占比较大（图3-37、图3-38）。

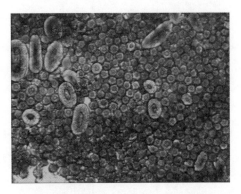 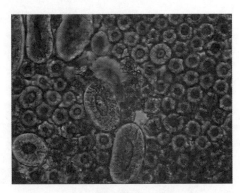

图3-37　黑色公貂针毛、绒毛横截面　　　　图3-38　黑色公貂针毛、绒毛横截面
显微镜观察图（×200）　　　　　　　　　　显微镜观察图（×400）

2. 褐色母貂针毛、绒毛显微镜观察结果

针毛纵向：毛根至毛尖，根部无髓质、鳞片细密结贴毛干—髓质不连续至呈一列排列，髓质为扁平形，呈不规则排列，一排有2～3个扁平的髓质单元，鳞片高度变大，鳞片翘角变大，至毛尖时，髓质呈连续状，鳞片高度变小、翘角变小（图3-39）。

图3-39　褐色母貂针毛纵向（由根部至尖部）显微镜观察图（×200）

绒毛纵向：根部无髓质、鳞片细密—髓质呈算盘珠形，一个个均匀叠加，至毛尖时，随着绒毛变细，髓质变窄。

鳞片从毛根至毛尖：根部鳞片较高、鳞片翘角明显，中部鳞片高度稍高、翘角稍大，至毛尖时鳞片高度变低、翘角变小（图3-40）。

图 3-40　褐色母貂绒毛纵向(由根部至尖部)显微镜观察图(×400)

横截面:绒毛髓腔和皮质层呈圆形,针毛髓腔和皮质层呈长椭圆形(图 3-41、图 3-42)。

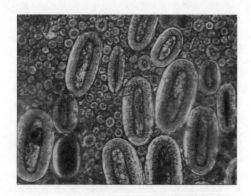

图 3-41　褐色母貂针毛、绒毛横截面
显微镜观察图(×200)

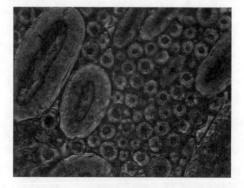

图 3-42　褐色母貂针毛、绒毛横截面
显微镜观察图(×400)

3. 十字公貂针毛、绒毛显微镜观察结果

针毛纵向:毛根至毛尖,根部无髓质、鳞片细密结贴毛干—髓质不连续至呈一列排列,髓质为扁平形,呈不规则排列,一排有 2～3 个扁平的髓质单元,鳞片高度变大,鳞片翘角变大—至毛尖,髓质呈连续状至无髓质,鳞片高度变小,翘角变小(图 3-43)。

图 3-43　十字公貂针毛纵向(由根部至尖部)显微镜观察图(×200)

　　绒毛纵向:根部无髓质、鳞片细密—髓质呈算盘珠形,一个个均匀叠加,至毛尖时,随着绒毛变细,髓质变窄。

　　鳞片从毛根至毛尖:根部鳞片细密过渡到鳞片翘角明显,中部鳞片高度稍高、翘角稍大,至毛尖时鳞片高度变低、翘角变小(图 3-44)。

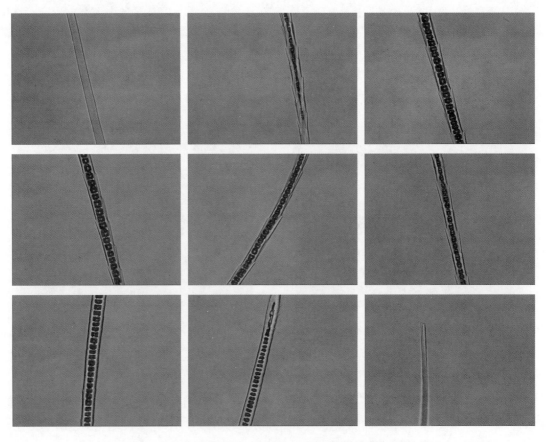

图 3-44　十字公貂绒毛纵向(由根部至尖部)显微镜观察图(×400)

横截面:绒毛髓腔和皮质层呈圆形或近似方形,有些边缘有棱角状,针毛髓腔和皮质层呈长椭圆形(图 3-45、图 3-46)。

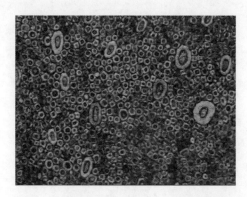 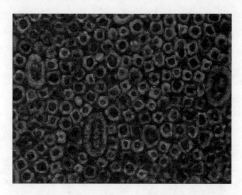

图 3-45　十字公貂针毛、绒毛横截面显微镜　　　　图 3-46　十字公貂针毛、绒毛横截面显微镜
　　　　　 观察图(×200)　　　　　　　　　　　　　　　　 观察图(×400)

(三) 青根貂毛皮

针毛纵向:毛根至毛尖,根部无髓质、鳞片细密结贴毛干,鳞片呈杂波型—髓质不连续至呈一列排列,髓质为扁平形,呈不规则排列,一排有 2～3 个扁平的髓质单元,鳞片呈微锯齿型,至毛尖时,髓质呈连续状至无髓质,鳞片不明显,皮质层的厚度变化较大(图 3-47)。

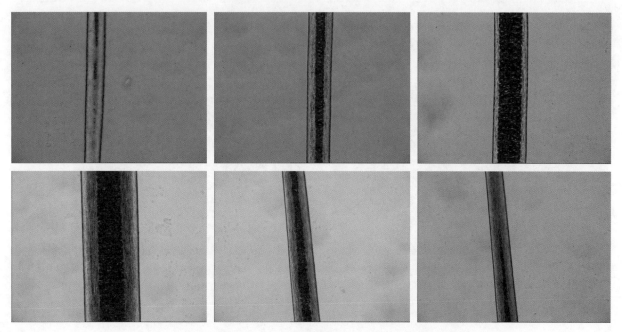

图 3-47　青根貂针毛纵向(由根部至尖部)显微镜观察图(×200)

绒毛纵向:从毛根至毛尖,根部无髓质,鳞片与狐狸毛皮、水貂毛皮细密且紧贴毛干不同,青根貂毛皮的根部鳞片呈竹节状;至中部,髓质呈算盘珠型,一个个均匀叠加,鳞片高度逐渐增大,鳞片翘角变大;至毛尖时,随着绒毛变细,髓质变窄至无髓,鳞片高度变低,翘角变小(图 3-48)。

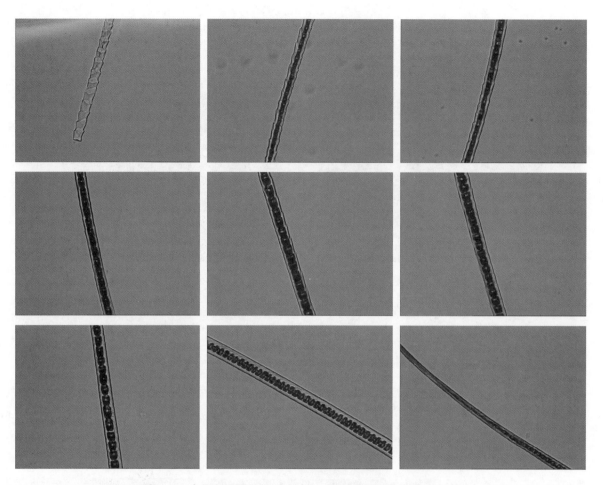

图 3-48　青根貂绒毛纵向(由根部至尖部)显微镜观察图(×400)

横截面:绒毛髓腔和皮质层呈圆形,针毛髓腔和皮质层呈长椭圆形,针毛髓质比例较小(图 3-49、图 3-50)。

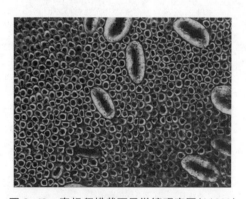

图 3-49　青根貂横截面显微镜观察图(×200)

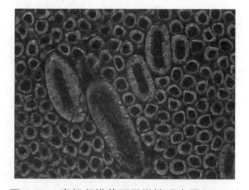

图 3-50　青根貂横截面显微镜观察图(×400)

(四) 貉子毛皮

1. 南貉针毛、绒毛显微镜观察结果

针毛纵向:髓质为扁平形,呈不规则排列,一排有 2～3 个扁平的髓质单元;根部、中部鳞片清晰,边缘呈锯齿状,至尖部,鳞片不清晰,髓质呈连续状至无髓质(图 3-51)。

绒毛纵向:从毛根至毛尖,根部无髓质,鳞片较细密,紧贴毛干;至中部,髓质不连续、不均匀,中部鳞片高度稍高,翘角稍大;至毛尖时,随着绒毛变细,髓质变窄至无髓,鳞片高度变低,翘角变小,紧贴毛干(图 3-52)。

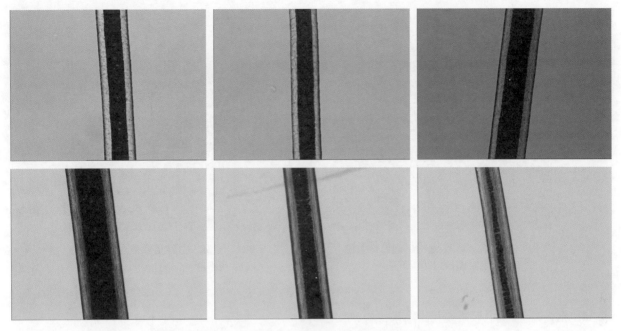

图 3-51 南貉针毛纵向(由根部至尖部)显微镜观察图(×200)

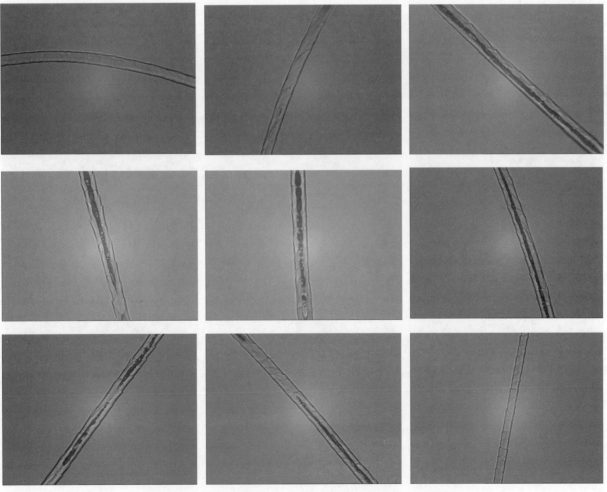

图 3-52 南貉绒毛纵向(由根部至尖部)显微镜观察图(×400)

横截面:针毛和绒毛的髓腔和皮质层呈圆形(图3-53、图3-54)。

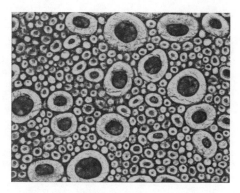

图 3-53　南貉针毛、绒毛横截面显微镜
观察图(×200)

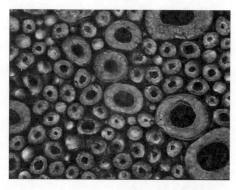

图 3-54　南貉针毛、绒毛横截面显微镜
观察图(×400)

2. 北貉针毛、绒毛显微镜观察结果

针毛纵向:髓质为扁平形,呈不规则排列,一排有2～3个扁平的髓质单元;根部、中部鳞片清晰,边缘呈锯齿状,至尖部,鳞片不清晰,髓质呈连续状至无髓质(图3-55)。

图 3-55　北貉针毛纵向(由根部至尖部)显微镜观察图(×200)

绒毛纵向:髓质呈算盘珠型,一个个均匀叠加,鳞片高度逐渐增大,鳞片翘角变大,至毛尖时,随着绒毛变细,髓质变窄至无髓,鳞片高度变低,翘角变小(图3-56)。

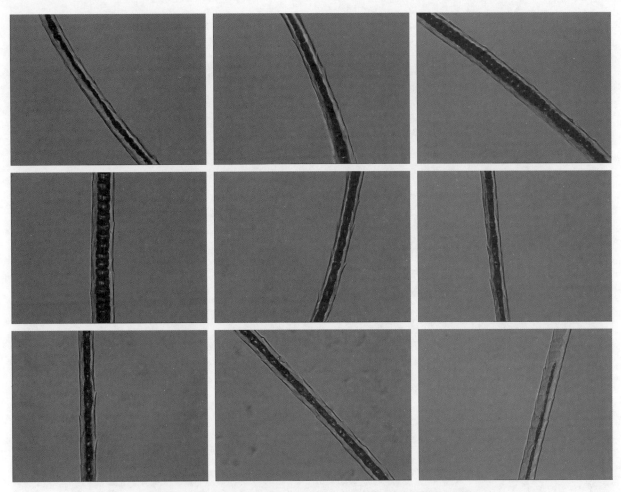

图 3-56 北貉绒毛纵向（由根部至尖部）显微镜观察图（×400）

横截面：针毛和绒毛髓腔和皮质层呈圆形或椭圆形（图 3-57、图 3-58）。

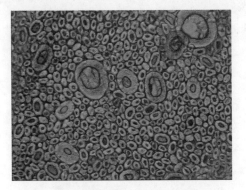

图 3-57 北貉针毛、绒毛横截面显微镜观察图（×200）

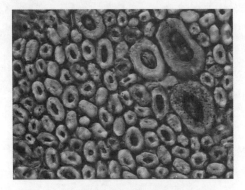

图 3-58 北貉针毛、绒毛横截面显微镜观察图（×400）

3. 美洲貉针毛、绒毛显微镜观察结果

针毛纵向：髓质为扁平形，呈不规则排列，一排有 2～3 个扁平的髓质单元，鳞片清晰，呈花瓣状，非常好看，至中部逐渐为环状，至尖部时鳞片不明显（图 3-59）。

绒毛纵向：从毛根至毛尖，根部无髓质，鳞片翘角很大，像刺一样伸出来；至中部，髓质不连续，不明显，中部鳞片高度稍高，翘角很明显；至毛尖时，随着绒毛变细，髓质变窄至无髓，鳞片高度变低，翘角变小（图 3-60）。

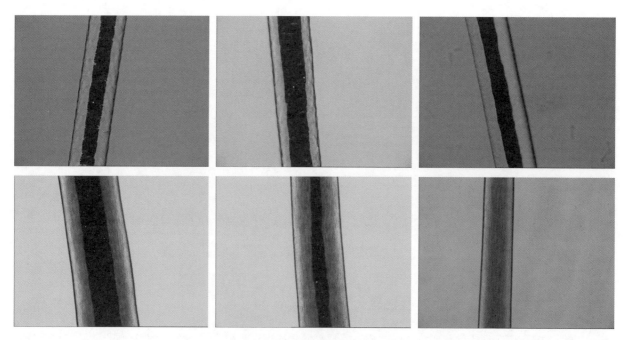

图 3-59　美洲貉针毛纵向(由根部至尖部)显微镜观察图(×200)

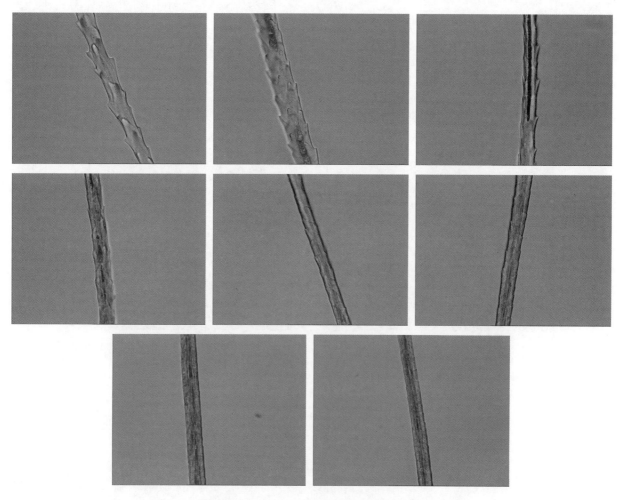

图 3-60　美洲貉绒毛纵向(由根部至尖部)显微镜观察图(×400)

横截面:针毛和绒毛的髓腔和皮质层均呈椭圆形(图 3-61、图 3-62)。

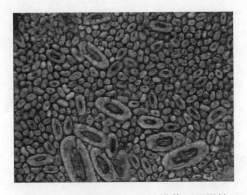 

图 3-61　美洲貉针毛、绒毛横截面显微镜
　　　　　观察图(×200)

图 3-62　美洲貉针毛、绒毛横截面显微镜
　　　　　观察图(×400)

(五) 兔毛皮

1. 家兔针毛、绒毛显微镜观察结果

针毛纵向:髓质为扁平形,呈 4～6 列整齐排列,根部鳞片较细,中部、尖部鳞片不明显(图 3-63)。

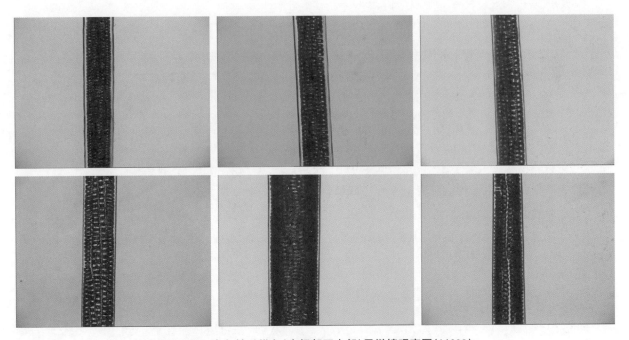

图 3-63　家兔针毛纵向(由根部至尖部)显微镜观察图(×200)

绒毛纵向:从毛根至毛尖,根部无髓质,鳞片翘角很大,像刺一样伸出来;至中部,髓质像算盘珠整齐排列,中部鳞片高度稍高,翘角明显;至毛尖时,随着绒毛变细,髓质变窄至不连续,鳞片高度变低,翘角变小(图 3-64)。

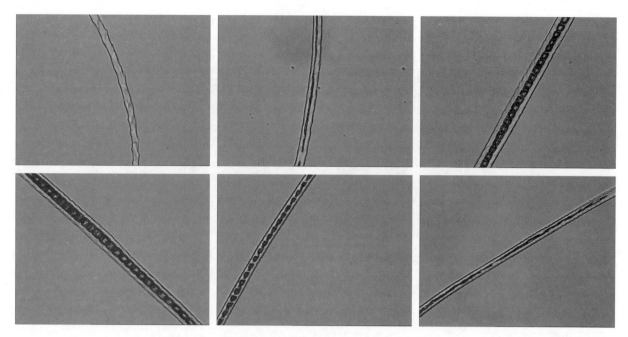

图 3-64　家兔绒毛纵向(由根部至尖部)显微镜观察图(×400)

横截面：绒毛横截面髓腔和皮质层均呈近似方形，针毛横截面呈长圆形，皮质层内分布 3 个或 4 个髓质单元，形状像花生豆一样(图 3-65、图 3-66)。

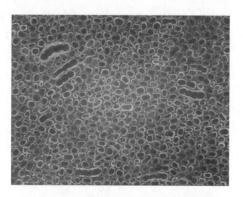

图 3-65　家兔针毛、绒毛横截面显微镜
观察图(×200)

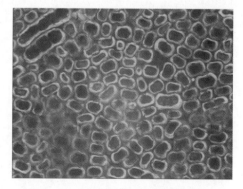

图 3-66　家兔针毛、绒毛横截面显微镜
观察图(×400)

2. 獭兔绒毛显微镜观察结果

獭兔毛纵向：根部无髓，鳞片翘角、鳞片高度较大；中部有髓，髓质呈算盘珠形，一个个均匀叠加，中部鳞片不明显；接近尖部时，髓质变为连续状，且不规则，尖部鳞片呈锯齿状(图 3-67)。

横截面：髓腔和皮质层均呈椭圆形或近似方形，髓质比例较大(图 3-68、图 3-69)。

图 3-67　獭兔绒毛纵向(由根部至尖部)显微镜观察图(×400)

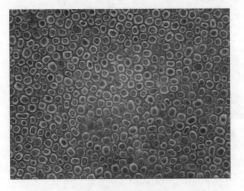

图 3-68　獭兔绒毛横截面显微镜
观察图(×200)

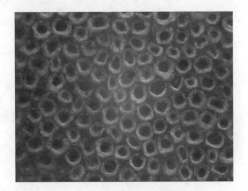

图 3-69　獭兔绒毛横截面显微镜
观察图(×400)

(六) 羊毛皮

1. 澳大利亚绵羊毛显微镜观察结果

澳大利亚绵羊毛纵向:无髓质;根部鳞片不明显,其他部位,鳞片呈杂瓣型,鳞片间距适中(图 3-70)。

图 3-70　澳大利亚绵羊毛纵向(由根部至尖部)显微镜观察图(×400)

横截面:无髓质层,呈圆形(图 3-71、图 3-72)。

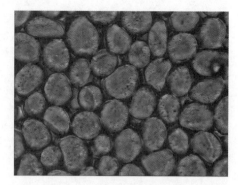

图 3-71　澳大利亚绵羊毛横截面显微镜
　　　　观察图(×200)

图 3-72　澳大利亚绵羊毛横截面显微镜
　　　　观察图(×400)

2. 安哥拉绵羊毛显微镜观察结果

安哥拉绵羊毛纵向:鳞片不明显,像裂纹一般,鳞片间距为稀疏型,纵向可见无规律的黑色点(图 3-73)。

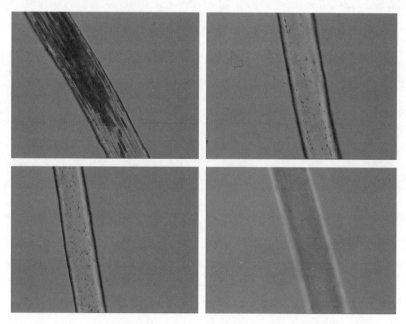

图 3-73　安哥拉绵羊毛纵向(由根部至尖部)显微镜观察图(×400)

横截面:呈圆形或椭圆形,有的有髓腔和皮质层,截面上可见黑色点(图 3-74、图 3-75)。

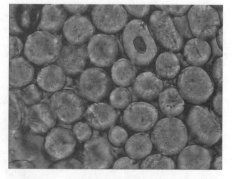

图 3-74　安哥拉绵羊毛横截面显微镜
　　　　观察图(×200)

图 3-75　安哥拉绵羊毛横截面显微镜
　　　　观察图(×400)

3. 湖羊毛显微镜观察结果

湖羊毛纵向：根部无髓质，鳞片呈杂瓣型，鳞片间距为适中型；至中部，髓质明显、不规则，鳞片呈环状；至尖部，髓质不连续、至无髓质，鳞片变细密（图3-76）。

图3-76　湖羊毛纵向（由根部至尖部）显微镜观察图（×400）

横截面：有髓，呈不规则的椭圆形（图3-77、图3-78）。

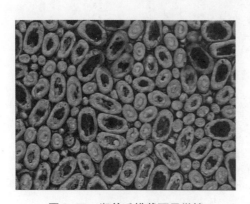

图3-77　湖羊毛横截面显微镜
观察图（×200）

图3-78　湖羊毛横截面显微镜
观察图（×400）

4. 滩羊毛显微镜观察结果

滩羊毛纵向：鳞片不明显，像裂纹，鳞片为杂瓣型，鳞片间距为稀疏型，纵向可见无规律的黑色点（图3-79）。

图 3-79 滩羊毛纵向(由根部至尖部)显微镜观察图(×400)

横截面:呈圆形或椭圆形(图 3-80、图 3-81)。

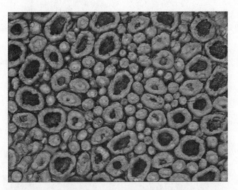

图 3-80 滩羊毛横截面显微镜观察图(×200)

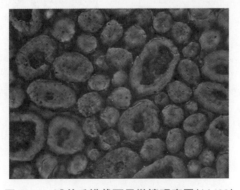

图 3-81 滩羊毛横截面显微镜观察图(×400)

5. 长毛山羊毛显微镜观察结果

针毛纵向:髓质为扁平形,呈不规则排列,一排有 2～3 个扁平的髓质单元;中部、根部鳞片较清晰,呈环状;至毛尖,髓质呈连续状,鳞片不明显(图 3-82)。

图 3-82　长毛山羊针毛纵向(由根部至尖部)显微镜观察图(×200)

绒毛纵向:从毛根至毛尖,鳞片呈杂瓣型,没有太明显的变化(图 3-83)。

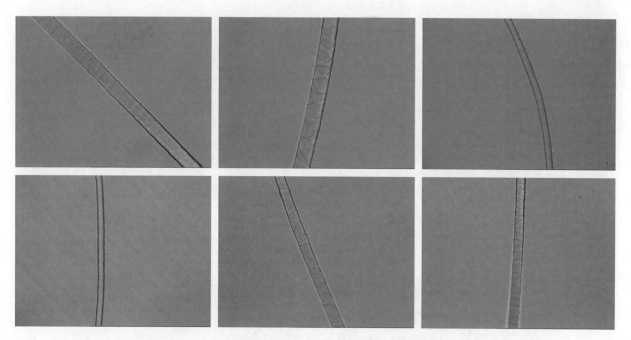

图 3-83　长毛山羊绒毛纵向(由根部至尖部)显微镜观察图(×400)

横截面:绒毛横截面为圆形,无髓腔。针毛横截面呈圆形或椭圆形,髓质和皮质层明显(图 3-84、图 3-85)。

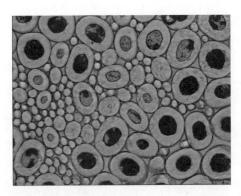 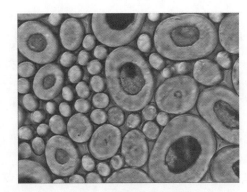

图 3-84　长毛山羊针毛、绒毛横截面显微镜　　　　　　图 3-85　长毛山羊针毛、绒毛横截面显微镜
　　　　　观察图(×200)　　　　　　　　　　　　　　　　　　观察图(×400)

6. 白猾子毛显微镜观察结果

白猾子毛纵向：髓质为扁平形，呈不规则排列；鳞片从根部至中部变化不明显，呈微齿状；尖部鳞片不明显(图 3-86)。

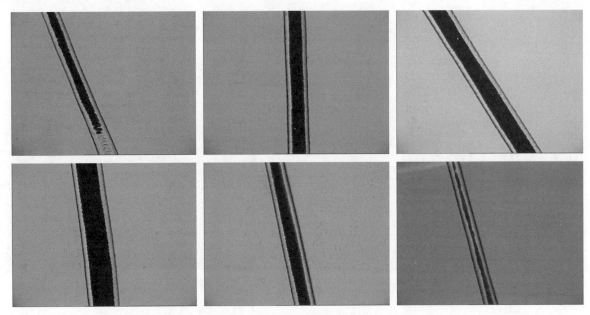

图 3-86　白猾子毛纵向(由根部至尖部)显微镜观察图(×200)

横截面：呈变化的椭圆形，椭圆的中部稍窄(图 3-87、图 3-88)。

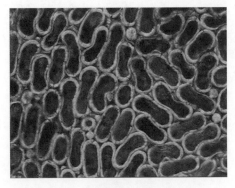 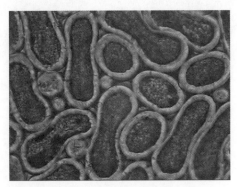

图 3-87　白猾子毛横截面显微镜　　　　　　　　　图 3-88　白猾子毛横截面显微镜
　　　　　观察图(×200)　　　　　　　　　　　　　　　　　观察图(×400)

（七）河狸毛皮

针毛纵向：髓质为不规则的细长形，呈不规则排列，一排有 3~4 个扁平的髓质单元，中部髓质层厚度约为皮质层厚度的 1.5 倍，至毛尖，髓质变窄，鳞片间距较密（图 3-89）。

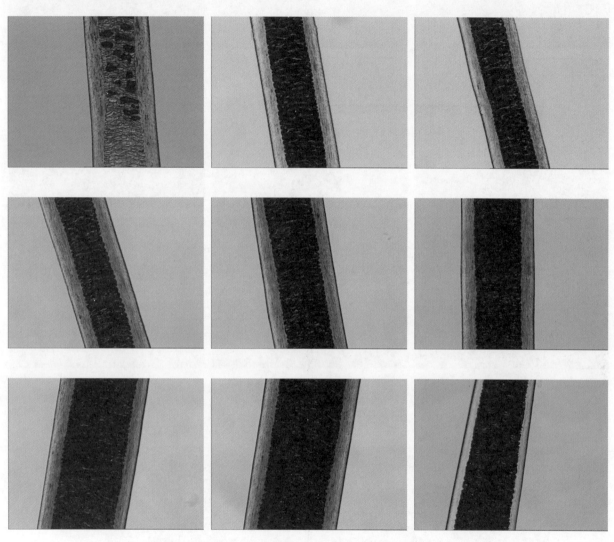

图 3-89　河狸针毛纵向（由根部至尖部）显微镜观察图（×200）

绒毛纵向：根部无髓，鳞片翘角小，成环状包裹毛干；中部有髓，髓质呈骨节状排列，形状近似圆形，鳞片呈明显的锯齿形；接近尖部时，髓质变为连续状，至尖部则无髓（图 3-90）。

图 3-90 河狸绒毛纵向(由根部至尖部)显微镜观察图(×400)

横截面:针毛的髓腔和皮质层均呈椭圆形,绒毛的髓腔和皮质层均呈圆形(图 3-91、图 3-92)。

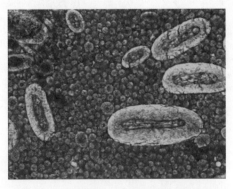

图 3-91 河狸针毛、绒毛横截面显微镜
观察图(×200)

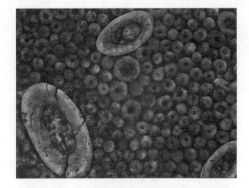

图 3-92 河狸针毛、绒毛横截面显微镜
观察图(×400)

(八) 狸子毛皮

1. 南狸针毛、绒毛显微镜观察结果

针毛纵向:根部无髓质,至中部,髓质呈一列均匀排列,至毛尖,髓质呈连续状。鳞片由根部的细密过渡到锯齿状,中部时,鳞片高度变大,呈人字状,皮质层较薄,至尖部,鳞片不明显(图 3-93)。

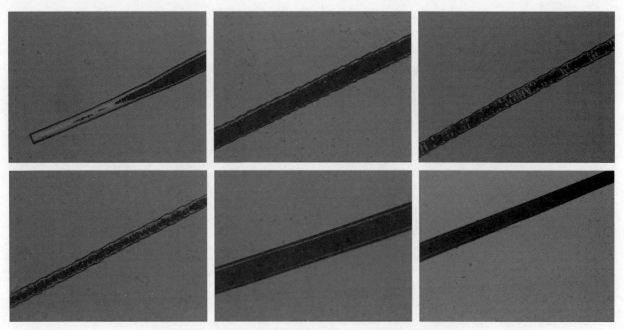

图 3-93 南狸针毛纵向(由根部至尖部)显微镜观察图(×200)

绒毛纵向:根部无髓,鳞片翘角小,成环状包裹毛干;中部有髓,髓质呈骨节状排列,形状近似圆形,鳞片高度变大,翘角较大,很明显向外张开;接近尖部时,髓质变为不连续,至尖部则无髓,鳞片不明显(图 3-94)。

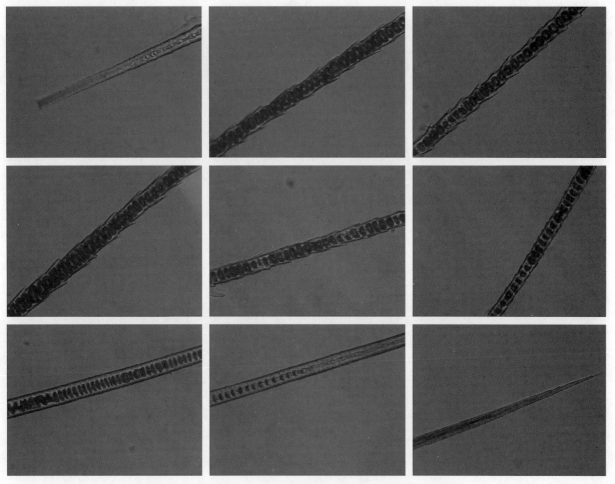

图 3-94 南狸绒毛纵向(由根部至尖部)显微镜观察图(×400)

横截面：针毛的髓腔和皮质层均呈椭圆形，绒毛的髓腔和皮质层均呈圆形（图3-95、图3-96）。

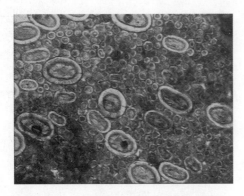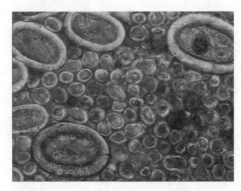

图 3-95　南狸针毛、绒毛横截面显微镜　　　　图 3-96　南狸针毛、绒毛横截面显微镜
　　　　　　观察图(×200)　　　　　　　　　　　　　　观察图(×400)

2. 北狸针毛、绒毛显微镜观察结果

针毛纵向：根部无髓质；至中部，髓质呈一列均匀排列，皮质层较薄；至毛尖，髓质呈连续状。鳞片根部细密，中部呈环状，至尖部鳞片不明显（图3-97）。

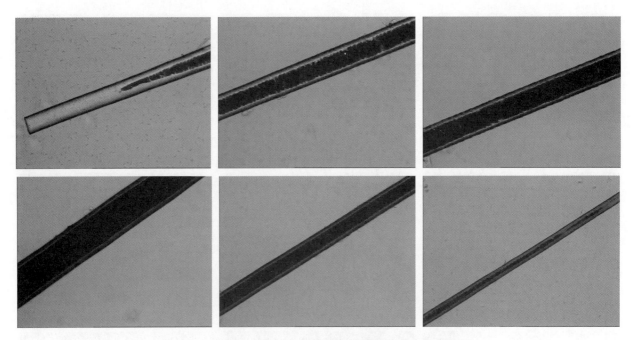

图 3-97　北狸针毛纵向(由根部至尖部)显微镜观察图(×200)

绒毛纵向：与南狸绒毛相似，根部无髓，鳞片翘角小，成环状包裹毛干；中部有髓，髓质呈骨节状排列，形状近似圆形，鳞片高度变大，翘角较大，很明显向外张开；接近尖部时，髓质变为不连续，至尖部则无髓，鳞片不明显（图3-98）。

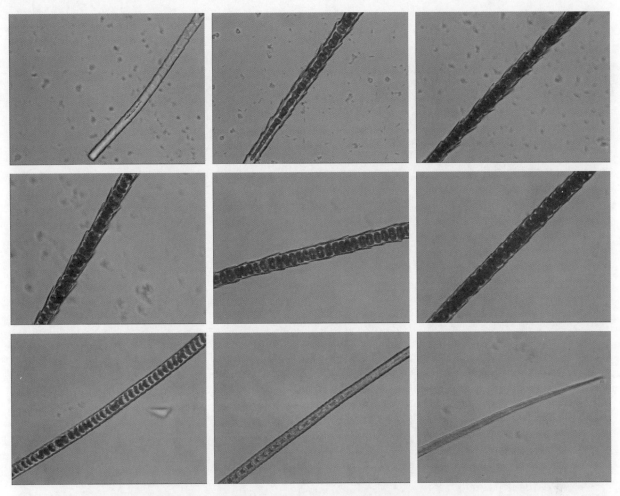

图 3-98　北狸绒毛纵向(由根部至尖部)显微镜观察图(×400)

　　横截面:与南狸毛皮相似,针毛的髓腔和皮质层均呈椭圆形,绒毛的髓腔和皮质层均呈圆形(图 3-99、图 3-100)。

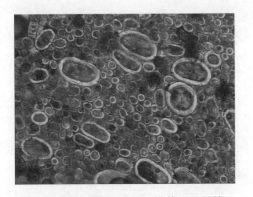

图 3-99　北狸针毛、绒毛横截面显微镜
观察图(×200)

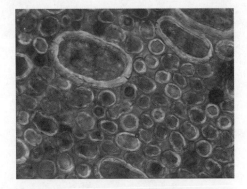

图 3-100　北狸针毛、绒毛横截面显微镜
观察图(×400)

(九) 艾虎毛皮

　　针毛纵向:髓质为扁平形,呈不规则排列,中部一排有 2～3 个扁平的髓质单元,根部鳞片清晰,呈环状或不规则的瓣状;至中部,鳞片呈尖瓣状,髓质层厚度约为皮质层厚度的 2 倍;至毛尖,鳞片不明显(图 3-101)。

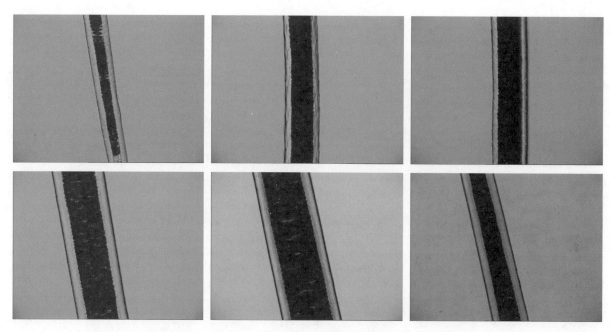

图 3-101　艾虎针毛纵向(由根部至尖部)显微镜观察图(×200)

　　绒毛纵向:根部无髓,鳞片翘角小,成环状包裹毛干;中部有髓,髓质为扁圆形,呈一列整齐排列,鳞片高度变大,翘角较大,很明显地向外张开;接近尖部时,髓质变为不连续,至尖部则无髓,鳞片细密(图 3-102)。

图 3-102　艾虎绒毛纵向(由根部至尖部)显微镜观察图(×400)

横截面：绒毛横截面呈圆形或近似方形，针毛呈椭圆形（图 3-103、图 3-104）。

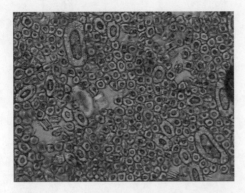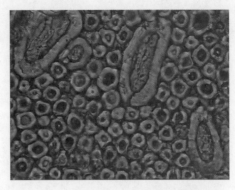

图 3-103　艾虎针毛、绒毛横截面显微镜
　　　　　观察图（×200）

图 3-104　艾虎针毛、绒毛横截面显微镜
　　　　　观察图（×400）

（十）负鼠毛皮

针毛纵向：根部髓质不连续；至中部，髓质为扁平形，呈不规则排列，一排有 2～3 个扁平的髓质单元，鳞片不清晰，为杂瓣状，髓质层厚度小于皮质层厚度；至中尖部，鳞片不明显（图 3-105）。

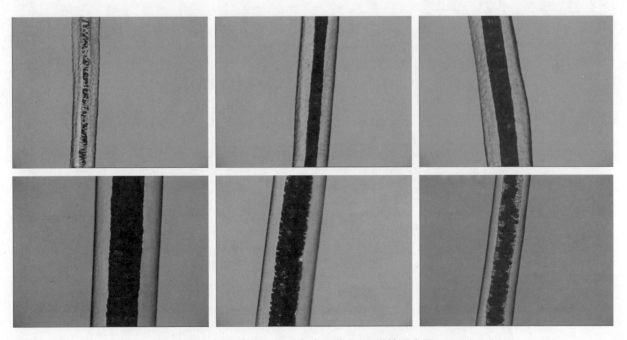

图 3-105　负鼠针毛纵向（由根部至尖部）显微镜观察图（×200）

绒毛纵向：根部髓质为扁平形，呈不规则排列，一排有 2～3 个扁平的髓质单元；中部髓质层厚度与皮质层厚度相当，鳞片清晰，呈杂瓣型；至尖部，髓质变为连续状至无髓，鳞片越来越不清晰（图 3-106）。

图 3-106 负鼠绒毛纵向(由根部至尖部)显微镜观察图(×400)

横截面:负鼠毛皮的针毛、绒毛横截面形态比较特别,呈椭圆形或半圆形(图 3-107、图 3-108)。

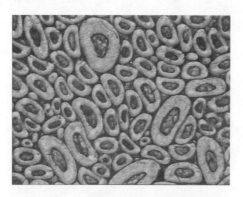

图 3-107 负鼠针毛、绒毛横截面显微镜
观察图(×200)

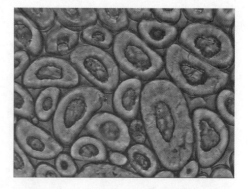

图 3-108 负鼠针毛、绒毛横截面显微镜
观察图(×400)

(十一) 旱獭毛皮

针毛纵向:根部无髓、无鳞片;中部有髓,髓质为扁平形,呈不规则排列,一排有 2～3 个扁平的髓质单元;接近尖部时,髓质变为连续状,至尖部则无髓。根部鳞片不明显;往中部,鳞片逐渐清晰,边缘呈微锯齿状;至尖部,鳞片不明显(图 3-109)。

图 3-109 旱獭针毛纵向(由根部至尖部)显微镜观察图(×200)

绒毛纵向:根部无髓,鳞片细密,成环状包裹毛干;中部有髓,髓质为扁圆形,呈一列整齐排列,鳞片明显,呈杂瓣型;接近尖部时,髓质变为不连续状,至尖部则无髓,鳞片细密(图 3-110)。

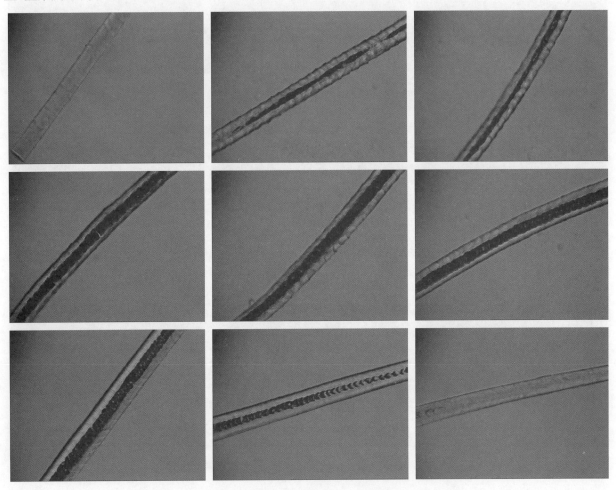

图 3-110 旱獭绒毛纵向(由根部至尖部)显微镜观察图(×400)

横截面:针毛、绒毛横截面呈圆形、半圆形或椭圆形(图 3-111、图 3-112)。

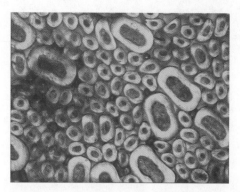 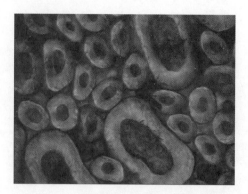

图 3-111　旱獭针毛、绒毛横截面显微镜
观察图(×200)

图 3-112　旱獭针毛、绒毛横截面显微镜
观察图(×400)

(十二)黄猺毛皮

针毛纵向:根部无髓、鳞片细密;中部有髓,髓质为扁平形,排列不明显,鳞片不明显;接近尖部时,髓质变为连续状,至尖部则无髓(图 3-113)。

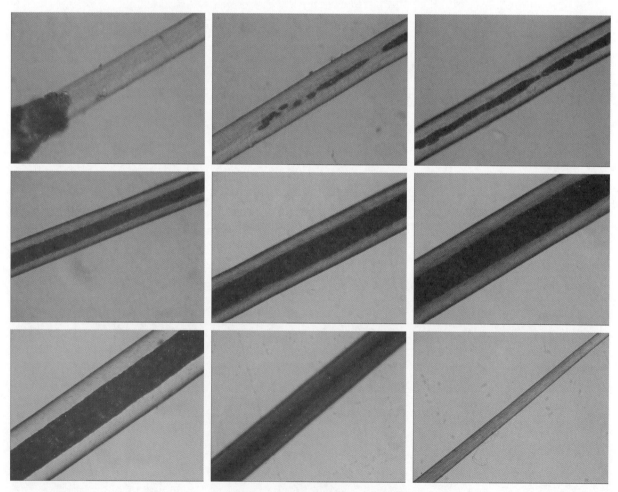

图 3-113　黄猺针毛纵向(由根部至尖部)显微镜观察图(×200)

绒毛纵向:根部无髓,鳞片成环状包裹毛干;中部有髓,髓质为扁圆形,呈一列整齐排列,鳞片明显,为

锯齿形;接近尖部时,髓质变为不连续状,至尖部则无髓,鳞片细密(图 3-114)。

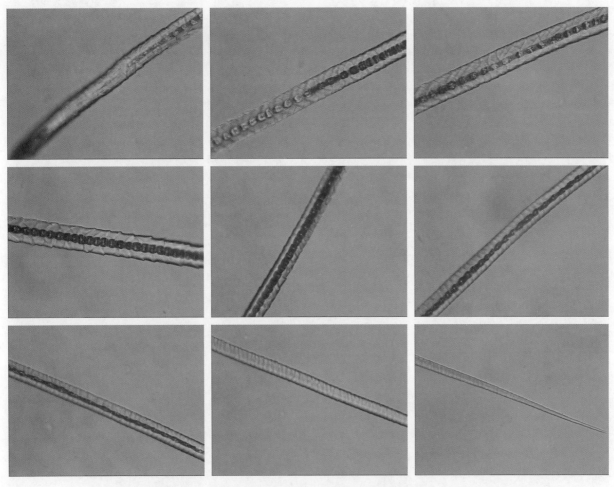

图 3-114 黄猺绒毛纵向(由根部至尖部)显微镜观察图(×400)

横截面:针毛和绒毛的髓质层和皮质层呈椭圆形(图 3-115、图 3-116)。

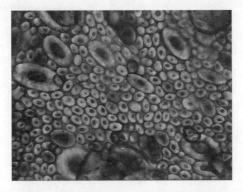

图 3-115 黄猺针毛、绒毛横截面显微镜
观察图(×200)

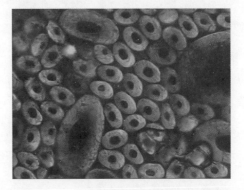

图 3-116 黄猺针毛、绒毛横截面显微镜
观察图(×400)

(十三) 狼狗毛皮

针毛纵向:根部无髓,鳞片细密;中部有髓,髓质单元分布不明显,鳞片呈环状;接近尖部时,髓质变为连续状,至尖部则无髓,鳞片不明显(图 3-117)。

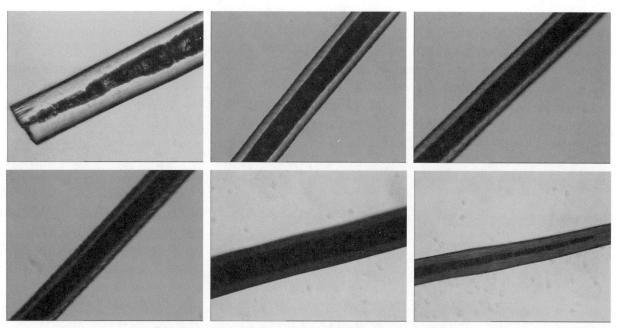

图 3-117　狼狗针毛纵向(由根部至尖部)显微镜观察图(×200)

　　绒毛纵向:根部无髓,鳞片翘角小,成环状包裹毛干;中部有髓,髓质为扁圆形,呈一列整齐排列,鳞片高度变大,翘角较大,很明显地向外张开;接近尖部时,髓质变为不连续状,至尖部则无髓,鳞片细密(图 3-118)。

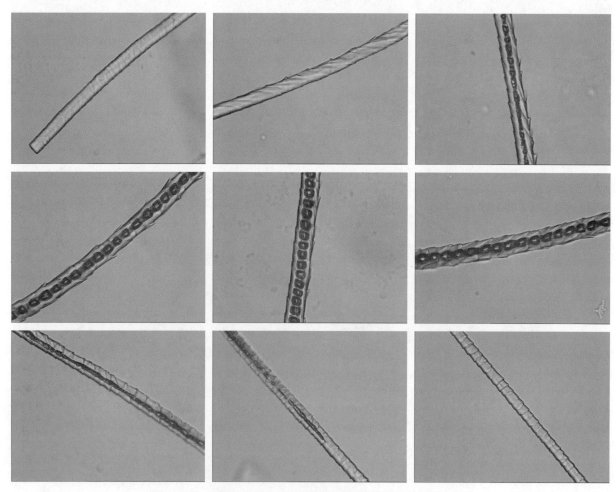

图 3-118　狼狗绒毛纵向(由根部至尖部)显微镜观察图(×400)

横截面:针毛和绒毛的髓质层和皮质层都呈圆形(图 3-119、图 3-120)。

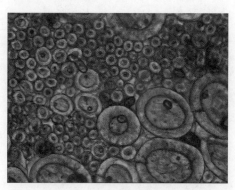

图 3-119 狼狗针毛、绒毛横截面显微镜观察图(×200)

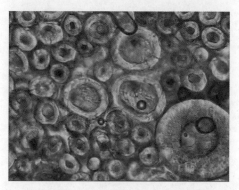

图 3-120 狼狗针毛、绒毛横截面显微镜观察图(×400)

(十四) 狼毛皮

针毛纵向:根部鳞片细密;中部有髓,髓质为扁平形,呈不规则排列,一排有 2～3 个扁平的髓质单元,鳞片不明显;接近尖部时,髓质变为连续状,至尖部则无髓(图 3-121)。

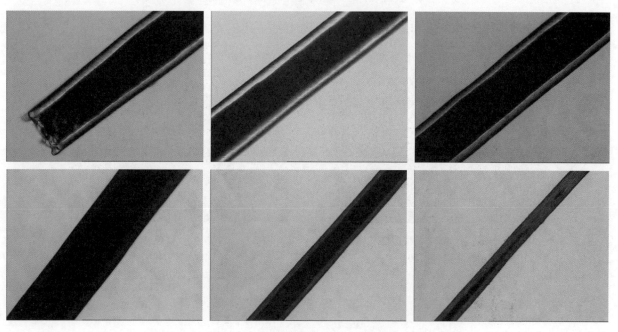

图 3-121 狼针毛纵向(由根部至尖部)显微镜观察图(×200)

　　绒毛纵向：根部无髓，鳞片翘角小，成环状包裹毛干；中部有髓，髓质为扁圆形，呈一列整齐排列，鳞片高度变大，翘角较大，很明显地向外张开(图3-122)。

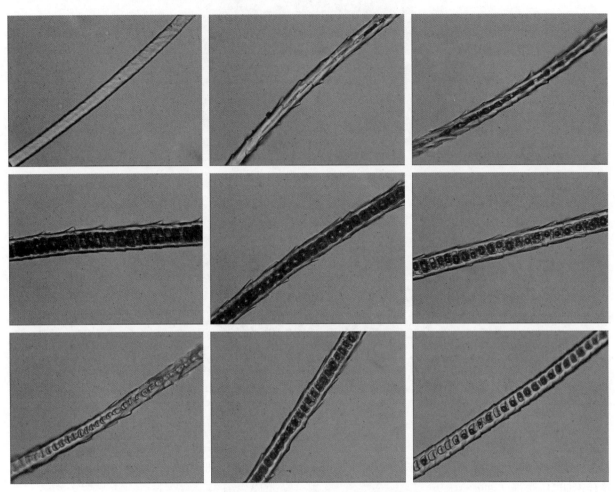

图 3-122　狼绒毛纵向(由根部至尖部)显微镜观察图(×400)

　　横截面：针毛、绒毛的髓质层和皮质层都呈圆形，髓质层占比较大(图3-123、图3-124)。

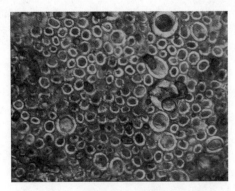

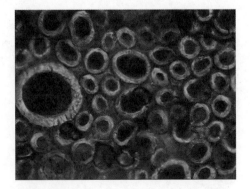

图 3-123　狼针毛、绒毛横截面显微镜　　　图 3-124　狼针毛、绒毛横截面显微镜
　　　　　观察图(×200)　　　　　　　　　　观察图(×400)

(十五) 黄鼬毛皮

　　针毛纵向：根部鳞片细密，有髓；至中部，髓质为扁平形，呈一列整齐排列，鳞片明显，张角较大，高度较高;针毛中上的大肚部位,鳞片细密,髓质明显,呈不规则排列;接近尖部时,髓质变为断断续续状(图 3-125)。

图 3-125　黄鼬针毛纵向(由根部至尖部)显微镜观察图(×200)

绒毛纵向:根部髓质连续,排列不规则,鳞片翘角小;中部髓质为扁圆形,呈一列整齐排列,鳞片高度变大,翘角较大;往尖部,鳞片高度、翘角都变小(图 3-126)。

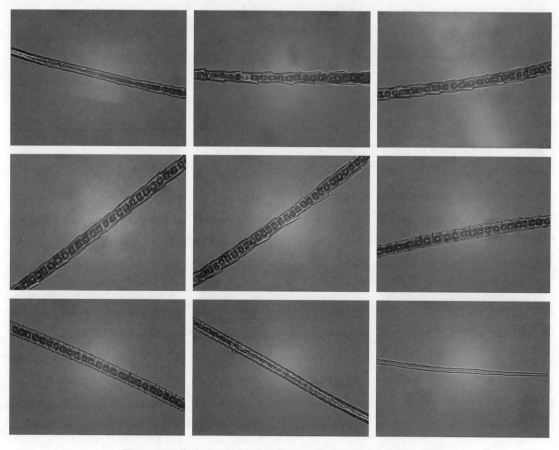

图 3-126　黄鼬绒毛纵向(由根部至尖部)显微镜观察图(×400)

横截面:针毛、绒毛的髓质层和皮质层都呈圆形或椭圆形,髓质层占比较大,皮质层较薄(图3-127、图3-128)。

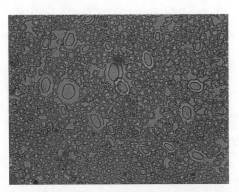

图3-127 黄鼬针毛、绒毛横截面显微镜观察图(×200)

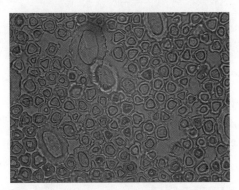

图3-128 黄鼬针毛、绒毛横截面显微镜观察图(×400)

(十六) 浣熊毛皮

针毛纵向:根部鳞片细密,呈环状或瓣状;中部鳞片呈花瓣状;往尖部,鳞片为环状至不明显。中部有髓,髓质为连续状;中部的皮质层厚度是髓质层的2倍(图3-129)。

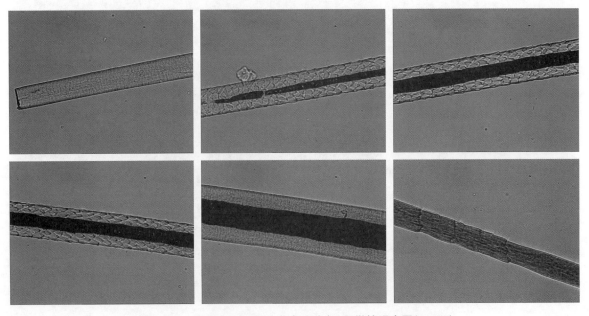

图3-129 浣熊针毛纵向(由根部至尖部)显微镜观察图(×200)

　　绒毛纵向:根部鳞片翘角很大,像刺一样伸出来;中部鳞片稍高,翘角很明显;至毛尖时,随着绒毛变细,鳞片高度变低,翘角变小。整个绒毛髓质不明显(图3-130)。

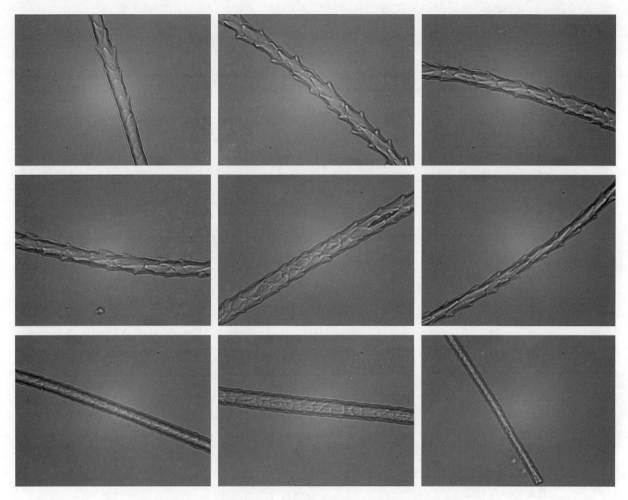

图3-130　浣熊绒毛纵向(由根部至尖部)显微镜观察图(×400)

　　横截面:针毛、绒毛的髓质层和皮质层都呈椭圆形,髓质层很小,皮质层约为髓质层的2倍(图3-131、图3-132)。

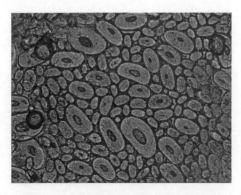

图3-131　浣熊针毛、绒毛横截面显微镜
观察图(×200)

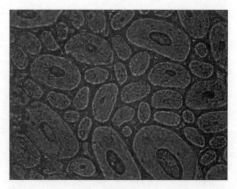

图3-132　浣熊针毛、绒毛横截面显微镜
观察图(×400)

四、结果讨论

① 各种毛皮的针毛、绒毛纵向及横截面显微镜形态见表 3-1。

表 3-1　各种毛皮的针毛、绒毛纵向及横截面显微镜形态

动物种类		针毛纵向	绒毛纵向	横截面
一、狐狸	1. 赤狐	中部髓质为扁平形,一排有 2～3 个扁平的髓质单元,髓质层较厚,皮质层薄	中部髓质呈"回"字型,鳞片较明显,皮质层薄,髓质层厚	针毛:圆形或椭圆形 绒毛:圆形 皮质层较薄,髓质层厚
	2. 草狐	中部髓质为扁平形,一排有 2～3 个扁平的髓质单元,髓质层较厚,皮质层薄	中部髓质呈算盘珠型,一个个均匀叠加	针毛:圆形或椭圆形 绒毛:圆形 皮质层较薄,髓质层厚
	3. 白狐	中部髓质为扁平形,一排有 2～3 个扁平的髓质单元,髓质层较厚,皮质层薄	中部髓质呈算盘珠型,一个个均匀叠加,鳞片明显,翘角大	针毛:圆形或椭圆形 绒毛:圆形 皮质层较薄,髓质层厚
	4. 蓝狐	中部髓质为扁平形,一排有 2～3 个扁平的髓质单元,髓质层较厚,皮质层薄	中部髓质呈算盘珠型,一个个均匀叠加,鳞片明显,翘角大	针毛:圆形或椭圆形 绒毛:圆形 皮质层较薄,髓质层厚
	5. 银狐	中部髓质为扁平形,一排有 2～3 个扁平的髓质单元,髓质层较厚,皮质层薄	中部髓质呈算盘珠型,一个个均匀叠加,鳞片明显,翘角大	针毛:圆形或椭圆形 绒毛:圆形 皮质层较薄,髓质层厚
	6. 东沙狐	中部髓质为扁平形,一排有 2～3 个扁平的髓质单元,髓质层较厚,皮质层薄	中部髓质呈算盘珠型,一个个均匀叠加,鳞片明显,翘角大	针毛:长椭圆形 绒毛:圆形 皮质层较薄,髓质层厚
	7. 西沙狐	髓质为扁平形,呈不规则排列,一排有 2～3 个扁平的髓质单元,中间有部分髓质呈连续状	中部髓质呈算盘珠型,一个个均匀叠加,鳞片明显,翘角大	针毛:长椭圆形 绒毛:圆形 皮质层较薄,髓质层厚
	8. 十字狐	中部髓质为扁平形,一排有 2～3 个扁平的髓质单元,髓质层较厚,皮质层薄	中部髓质呈算盘珠型,一个个均匀叠加,鳞片明显,翘角大	针毛:圆形或椭圆形 绒毛:圆形 皮质层较薄,髓质层厚
二、水貂	1. 黑色公貂	中部髓质为扁平形,较细长,呈不规则排列,鳞片明显,呈尖瓣型,髓质层与皮质层的厚度比约为 1:1	中部髓质呈算盘珠型,一个个均匀叠加,鳞片明显,鳞片高度大于狐狸绒毛	针毛:圆形或椭圆形 绒毛:圆形或稍有棱角 皮质层较厚,皮质层与髓质层的半径比约为 1:1～2:1
	2. 褐色母貂	髓质为扁平形,呈不规则排列,一排有 2～3 个扁平的髓质单元,鳞片明显,呈尖瓣型,髓质层与皮质层的厚度比约为 1:1	中部髓质呈算盘珠型,一个个均匀叠加,鳞片明显,翘角大	针毛:圆形或椭圆形 绒毛:圆形或稍有棱角 皮质层较厚,皮质层与髓质层的半径比约为 1:1～2:1
	3. 十字公貂	髓质为扁平形,呈不规则排列,一排有 2～3 个扁平的髓质单元,鳞片明显,呈尖瓣型,髓质层与皮质层的厚度比约为 1:1	中部髓质呈算盘珠型,一个个均匀叠加,鳞片明显,翘角大	针毛:圆形或椭圆形 绒毛:圆形或稍有棱角 皮质层较厚,皮质层与髓质层的半径比约为 1:1～2:1

（续表）

动物种类		针毛纵向	绒毛纵向	横截面
三、青根貂		中部髓质为扁平形，呈不规则排列，一排有2～3个扁平的髓质单元，鳞片呈微锯齿型，鳞片不明显	中部髓质呈算盘珠型，一个个均匀叠加	针毛：长椭圆形 绒毛：圆形 针毛髓质层薄，绒毛髓质层厚
四、貉子	1. 南貉	中部髓质为扁平形，呈不规则排列，一排有2～3个扁平的髓质单元，根部中部鳞片清晰，边缘呈锯齿状	中部髓质不连续，不均匀，鳞片稍高，翘角稍大	针毛：圆形 绒毛：圆形 皮质层较厚
	2. 北貉	中部髓质为扁平形，呈不规则排列，一排有2～3个扁平的髓质单元，根部中部鳞片清晰，边缘呈锯齿状	中部髓质呈算盘珠型，一个个均匀叠加	针毛：长椭圆形 绒毛：长椭圆形
	3. 美洲貉	中部髓质为扁平形，呈不规则排列，一排有2～3个扁平的髓质单元，鳞片清晰，呈花瓣状	中部髓质不连续、不明显，中部鳞片稍高，翘角很明显	针毛：长椭圆形 绒毛：长椭圆形
五、兔	1. 家兔	髓质为扁平形，呈4～6列整齐排列，皮质层很薄	中部髓质呈算盘珠型，整齐排列	针毛：花生豆形 绒毛：圆形，稍有棱角 皮质层较薄
	2. 獭兔	—	中部髓质呈算盘珠型，一个个均匀叠加	绒毛：圆形，稍有棱角 皮质层较薄
六、羊	1. 澳大利亚绵羊	无髓质，鳞片呈杂瓣型	—	针毛：圆形 无髓质
	2. 安哥拉绵羊	鳞片不明显，像裂纹，鳞片间距为稀疏型，纵向可见无规律的黑色点	—	针毛：圆形 无髓质，偶有有髓质的
	3. 湖羊	中部髓质明显，排列不规则，鳞片呈环状	—	针毛：椭圆形 绒毛：圆形
	4. 滩羊	鳞片不明显，像裂纹，鳞片呈杂瓣型，鳞片间距为稀疏型，纵向可见无规律的黑色点	—	针毛：椭圆形 绒毛：圆形
	5. 长毛山羊	中部髓质为扁平形，呈不规则排列，一排有2～3个扁平的髓质单元，鳞片清晰，呈环状	无髓质，鳞片呈杂瓣型	针毛：圆形 绒毛：圆形
	6. 白猾子	中部髓质为扁平形，呈不规则排列，鳞片呈微锯齿状	—	针毛：腰圆形 皮质层较薄，横截面形态特别
七、河狸		中部髓质为不规则的细长形，呈不规则排列，一排有3～4个扁平的髓质单元，髓质层厚度约为皮质层厚度的1.5倍	中部有髓，髓质呈骨节状排列，形状近似圆形，鳞片显明显的锯齿形	针毛：长椭圆形 绒毛：圆形 皮质层较厚

动物种类		针毛纵向	绒毛纵向	横截面
八、狸子	1. 南狸	中部髓质呈一列均匀排列，鳞片呈锯齿状	中部有髓，髓质呈骨节状排列，形状近似圆形，鳞片翘角较大，很明显地向外张开	针毛：圆形或椭圆形 绒毛：圆形 皮质层较薄
	2. 北狸	中部髓质呈一列均匀排列，皮质层较薄，鳞片呈环状	中部有髓，髓质呈骨节状排列，形状近似圆形，鳞片翘角较大，很明显地向外张开	针毛：圆形或椭圆形 绒毛：圆形 皮质层较薄
九、艾虎		中部一排有 2～3 个扁平的髓质单元，鳞片呈尖瓣状	中部髓质为扁圆形，呈一列整齐排列，鳞片翘角较大，很明显地向外张开	针毛：长椭圆形 绒毛：圆形或近似方形
十、负鼠		中部髓质为扁平形，呈不规则排列，一排有 2～3 个扁平的髓质单元，鳞片不清晰，呈杂瓣状，髓质层厚度小于皮质层厚度	中部髓质为扁平形，呈不规则排列，一排有 2～3 个扁平的髓质单元，髓质层厚度与皮质层厚度相当，鳞片清晰，呈杂瓣型	针毛：半圆形或椭圆形 绒毛：半圆形或椭圆形 形态特别
十一、旱獭		中部有髓，髓质为扁平形，呈不规则排列，一排有 2～3 个扁平的髓质单元，鳞片清晰，边缘呈微锯齿状	中部有髓，髓质为扁圆形，呈一列整齐排列，鳞片明显，呈杂瓣型	针毛：椭圆形，稍方 绒毛：长椭圆形
十二、黄猺		中部有髓，髓质为扁平形，排列不规则，鳞片不明显	中部有髓，髓质为扁圆形，呈一列整齐排列，鳞片明显，为锯齿形	针毛：长椭圆形 绒毛：长椭圆形 皮质层较厚
十三、狼狗		中部有髓，髓质单元分布不明显，鳞片呈环状	中部有髓，髓质为扁圆形，呈一列整齐排列，鳞片翘角较大，很明显地向外张开	针毛：圆形 绒毛：圆形 皮质层较薄
十四、狼		中部有髓，髓质为扁平形，呈不规则排列，一排有 2～3 个扁平的髓质单元，鳞片不明显	中部有髓，髓质为扁圆形，呈一列整齐排列，鳞片翘角较大，很明显地向外张开	针毛：圆形 绒毛：圆形 皮质层较薄
十五、黄鼬		中部髓质为扁平形，呈一列整齐排列，鳞片明显，针毛中上部的大肚部位，髓质呈不规则排列	中部有髓，髓质为扁圆形，呈一列整齐排列，鳞片翘角较大，很明显地向外张开	针毛：椭圆形 绒毛：圆形 皮质层较薄
十六、浣熊		中部有髓，髓质为连续状，鳞片呈花瓣状	无髓，鳞片翘角很明显	针毛：椭圆形，皮质层厚度约为髓质层厚度的 2 倍 绒毛：椭圆形，大部分无髓质层

② 从针毛纵向看，根据针毛中部鳞片边缘形态，大致可以分为 5 类，各类典型形态图见图 3-133。

a. 以沙狐毛皮为代表，鳞片边缘清晰且呈环状的，包括两种沙狐、南貉、北貉、青根貂、湖羊、长毛山羊、白猾子、负鼠、旱獭、狼、狼狗的毛皮。其中青根貂、北貉的鳞片不明显，边缘呈锯齿状。负鼠的皮质层较厚，皮质层的厚度大于髓质层厚度，这是跟别的动物针毛有区别的地方。湖羊针毛中部髓质杂乱，无规律或呈柱状。狼狗的髓质单元分布不明显。

b. 除沙狐外的各种狐为代表的鳞片边缘清晰，呈人字状，包括其他狐、狸子和黄鼬。南狸鳞片更清晰，更明显，北狸鳞片高度较低。

c. 以水貂为代表，皮质层较厚，鳞片呈尖瓣状，边缘可见鳞片并排排列的，包括水貂、美洲貉、艾虎、浣熊。水貂、艾虎的鳞片更高，呈尖瓣，美洲貉、浣熊的鳞片更明显，呈花瓣状。

d. 以河狸毛为代表,鳞片边缘不明显的,包括河狸、黄猺、家兔。家兔毛的髓质很特别,呈4～6列整齐排列,可以直接区分。河狸和黄猺的髓质差别较大,河狸的髓质清晰,有3～4个髓质单元,黄猺的不清晰。

e. 以澳大利亚绵羊毛为代表,无髓质层,表面鳞片属杂瓣型的,包括澳大利亚绵羊、滩羊、安哥拉绵羊。

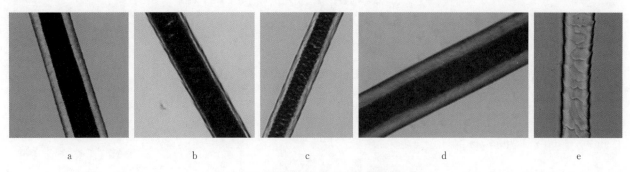

图3-133　针毛中部鳞片边缘典型形态图

③ 从绒毛纵向看,绒毛形态多为根部无髓质,鳞片细密包裹毛干,中部鳞片呈人字状伸出毛干,髓质呈一列整齐排列,髓质多为圆形或扁平型,至毛尖时,髓质变窄至无髓,鳞片不清晰。有几个特别的形态为:

a. 髓质不连续的,包括南貉、美洲貉的毛皮。

b. 根部鳞片特别的,包括青根貂、美洲貉、家兔、獭兔的毛皮。青根貂的绒毛根部鳞片明显,呈竹节状。美洲貉的根部鳞片翘角很大,像刺一样伸出来。家兔、獭兔的绒毛根部鳞片明显。三者的鳞片形态有很大不同。

④ 根据针毛、绒毛的横截面形态可以大致分为4类:

a. 动物的绒毛横截面多为圆形。绒毛横截面呈圆形有一点棱角的包括部分水貂、家兔、獭兔、艾虎。绒毛横截面呈长椭圆形的包括北貉、美洲貉、旱獭、黄猺。负鼠的绒毛横截面呈半圆形或不规则的椭圆形。

b. 针毛横截面形态多为圆形、椭圆形或长椭圆形。特别的有,白猾子的横截面形态呈变化的椭圆形,椭圆的中部稍窄。家兔,皮质层内分布3～4个髓质单元,像花生豆一样。负鼠的针毛横截面形状呈半圆形或不规则的椭圆形。

c. 针毛横截面形态为长椭圆形的有东沙狐、青根貂、北貉、美洲貉、河狸、艾虎、黄猺。北貉和美洲貉的绒毛横截面也为椭圆形。青根貂的针毛髓质较小,绒毛髓质较大。河狸,皮质层较厚。艾虎的绒毛横截面为圆形稍有棱角。黄猺的绒毛横截面形态也为椭圆形,黄猺的皮质层较厚,但与北貉和美洲貉单从截面形态,不好区分。

d. 针毛横截面形态为圆形或椭圆形的有除东沙狐外的各种狐、水貂、南貉,澳大利亚绵羊、安哥拉绵羊、滩羊、湖羊、长毛山羊,南狸、北狸、狼和狼狗。其中,无髓质层的有:澳大利亚绵羊毛、安哥拉绵羊毛;皮质层较薄的有狐、南狸、北狸、狼、狼狗。水貂和南貉的皮质层较厚,皮质层与髓质层半径比约为1:1～2:1。

第四章　常见制裘类动物毛皮
扫描电镜观察图谱

利用扫描电镜(简称电镜)观察动物毛皮上针毛、绒毛的纵向形态及横截面形态。

一、仪器

TM1000 扫描电镜,日本日立公司。

二、实验方法

① 试样清洁:从毛皮背脊部位随机选取动物毛样品,用丙酮浸泡洗涤,干燥备用。

② 制样:

纵向:把导电胶布贴在载物台上,将动物毛按一定顺序放在导电胶布上(若动物毛太长,则用刀片切成几段)。

横截面:取合适的电线一段,将中间的金属丝抽出,形成空的胶管。用金属丝把一束动物毛拉进胶管内,尽量使胶管填充饱满。用刀片切取 2～3 mm 胶管,竖直放置在导电胶布上。

③ 将载物台放进电镜中,开机,以适合的倍数观察试样形态。

三、实验结果

(一) 狐狸毛皮

1. 赤狐针毛、绒毛电镜观察结果

针毛纵向:从毛尖到毛根,鳞片呈现杂波型—杂波型—尖瓣型—过渡杂瓣型—杂瓣型的变化。毛干直径为53.1 μm,鳞片高度为 62.0 μm(图 4-1)。

绒毛纵向:从毛尖到毛根,鳞片呈现竹节型—环型—尖瓣型—长瓣型的变化。毛干直径为16.8 μm,鳞片高度为 41.7 μm,鳞片外翘点到毛干的距离为 1.37 μm(图 4-2)。

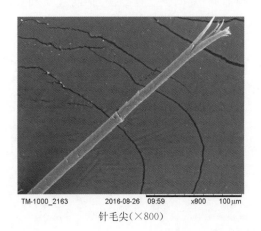

针毛尖(×800)

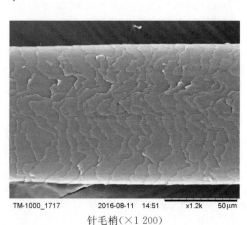

针毛梢(×1 200)

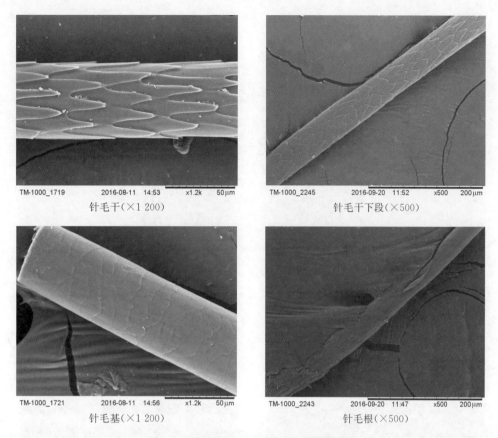

图 4-1　赤狐针毛纵向各部位电镜观察图

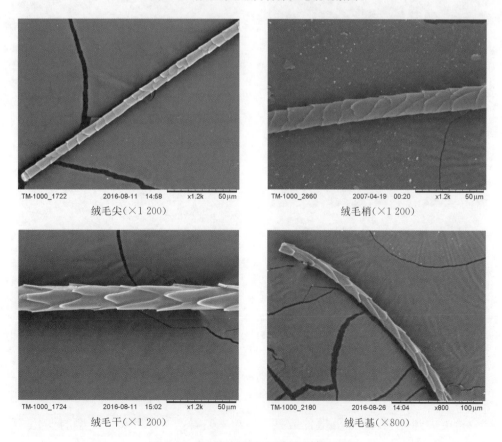

图 4-2　赤狐绒毛纵向各部位电镜观察图

横截面:针毛皮质层为圆形,髓腔为多瓣形,髓腔占横切面比例大;绒毛皮质层为圆形,髓腔为圆形,髓腔占横切面比例大(图4-3)。

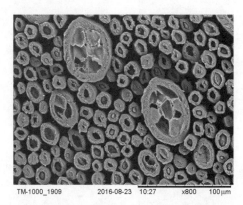

图4-3 赤狐针毛、绒毛横截面电镜观察图(×800)

2. 草狐针毛、绒毛电镜观察结果

针毛纵向:从毛尖到毛根,鳞片呈现杂波型—杂波型—尖瓣型—杂瓣型的变化,毛干直径为56.1 μm,毛干鳞片高度为63.5 μm(图4-4)。

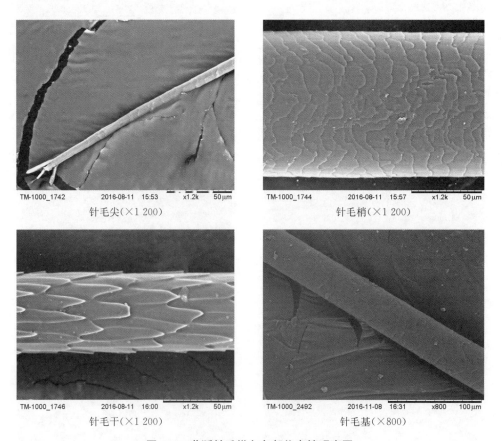

图4-4 草狐针毛纵向各部位电镜观察图

绒毛纵向:从毛尖到毛根,鳞片呈现竹节型—环型—尖瓣型—长瓣型—环型的变化,毛干直径为18.1 μm,毛干鳞片高度为6.7 μm,鳞片外翘点到毛干的距离为1.92 μm(图4-5)。

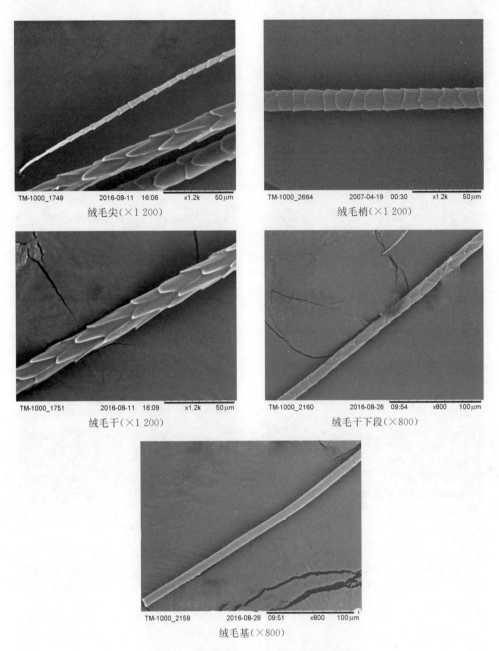

图 4-5　草狐绒毛纵向各部位电镜观察图

横截面：针毛皮质层为圆形，髓腔为多瓣形，髓腔占横切面比例大；绒毛皮质层为圆形，髓腔为圆形，髓腔占横切面比例大（图 4-6）。

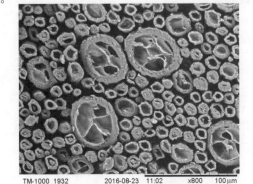

图 4-6　草狐针毛、绒毛横截面电镜观察图（×800）

3. 白狐针毛、绒毛电镜观察结果

针毛纵向：从毛尖到毛根各段鳞片型由杂波型—杂波型—尖瓣型—过渡杂瓣型—杂瓣型依次变化，毛干直径 26.8 μm，毛干鳞片高度 55.6 μm（图 4-7）。

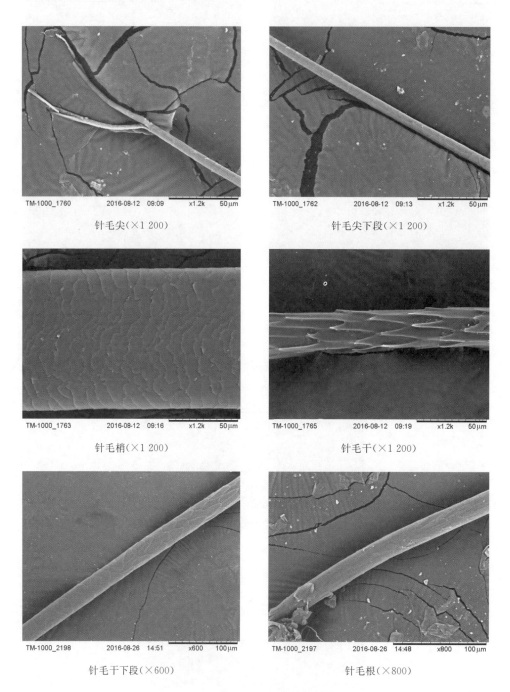

针毛尖(×1 200)　　　　　　针毛尖下段(×1 200)

针毛梢(×1 200)　　　　　　针毛干(×1 200)

针毛干下段(×600)　　　　　针毛根(×800)

图 4-7　白狐针毛纵向各部位电镜观察图

绒毛纵向：从毛尖到毛根各段鳞片型由竹节型—环型—斜长瓣型—尖瓣型—斜环型依次变化，毛干直径 15.1 μm，毛干鳞片高度 41.9 μm，鳞片外翘点到毛干的距离为 997 nm（图 4-8）。

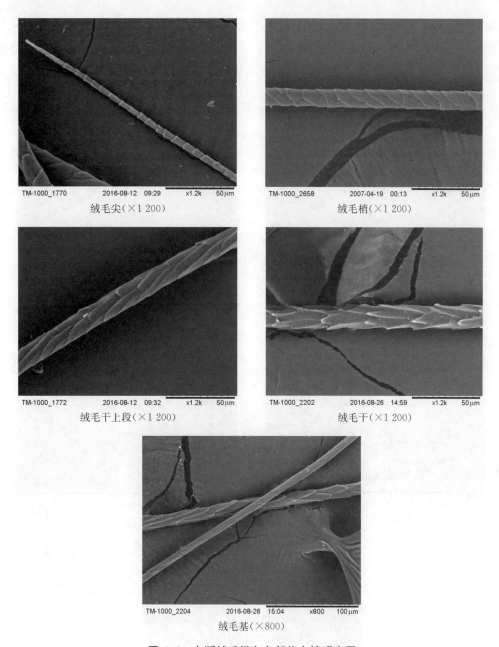

绒毛尖(×1 200)　　　　　　绒毛梢(×1 200)

绒毛干上段(×1 200)　　　　　绒毛干(×1 200)

绒毛基(×800)

图 4-8　白狐绒毛纵向各部位电镜观察图

横截面:针毛皮质层为椭圆形,髓腔为多瓣形,髓腔占横切面比例大;绒毛皮质层为圆形,髓腔为椭圆形,髓腔占横切面比例大(图 4-9)。

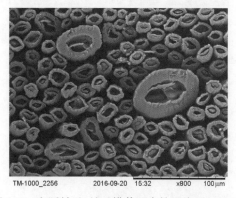

图 4-9　白狐针毛、绒毛横截面电镜观察图(×800)

4. 蓝狐针毛、绒毛电镜观察结果

针毛纵向：从毛尖到毛根各段鳞片型由杂波型—杂波型—尖瓣型—过渡杂瓣型—杂瓣型依次变化，毛干直径 31.0 μm，鳞片高度 66.2 μm（图 4-10）。

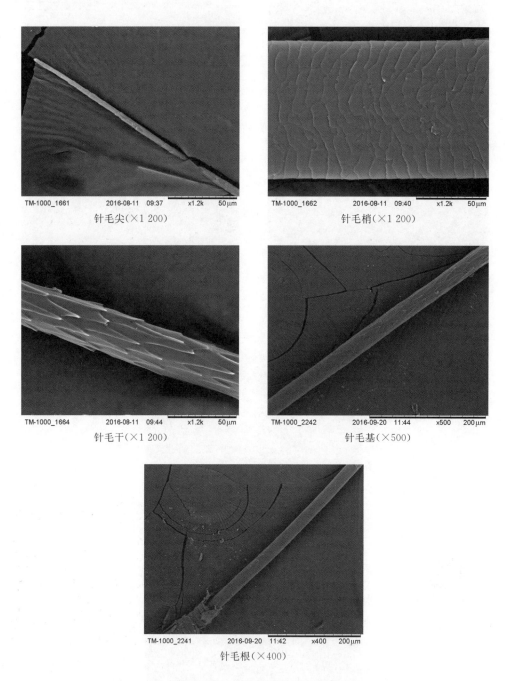

图 4-10　蓝狐针毛纵向各部位电镜观察图

绒毛纵向：从毛尖到毛根各段鳞片型由竹节型—环型—斜长瓣型—尖瓣型—斜环型依次变化，毛干直径 14.5 μm，鳞片高度 11.5 μm，鳞片外翘点到毛干的距离为 421 nm（图 4-11）。

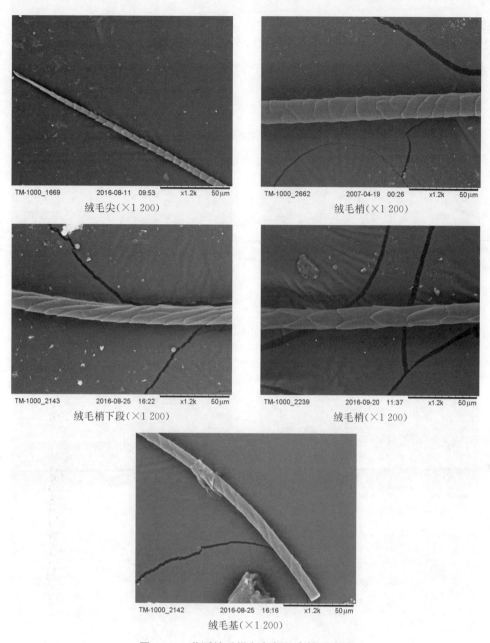

绒毛尖(×1 200)

绒毛梢(×1 200)

绒毛梢下段(×1 200)

绒毛梢(×1 200)

绒毛基(×1 200)

图4-11　蓝狐绒毛纵向各部位电镜观察图

横截面:针毛皮质层为椭圆形,髓腔为多瓣形,髓腔占横切面比例大;绒毛皮质层为椭圆形,髓腔为椭圆形,髓腔占横切面比例大(图4-12)。

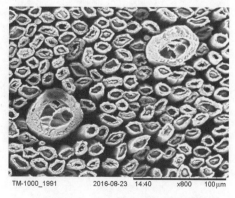

图4-12　蓝狐针毛、绒毛横截面电镜观察图(×800)

5. 银狐针毛、绒毛电镜观察结果

针毛纵向：从毛尖到毛根各段鳞片型由杂波型—杂波型—杂瓣型—尖瓣型—过渡杂瓣型—杂瓣型依次变化，毛干直径 71.9 μm，鳞片高度 16.1 μm（图 4-13）。

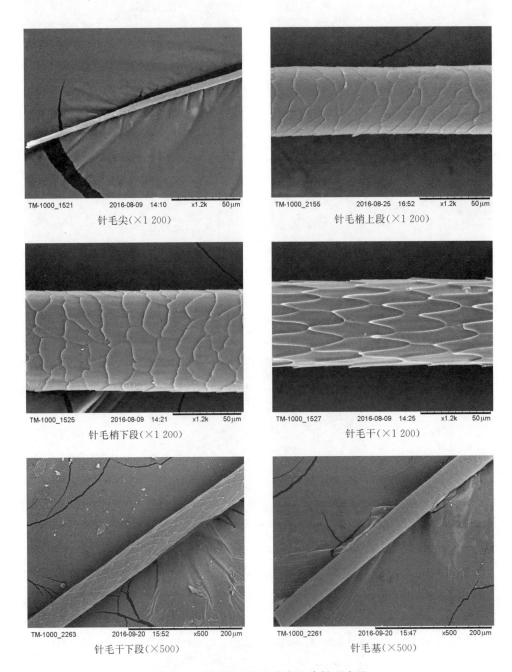

图 4-13　银狐针毛纵向各部位电镜观察图

绒毛纵向：从毛尖到毛根各段鳞片型由竹节型—环型—斜长瓣型—卵瓣型—尖瓣型—斜环型依次变化，毛干直径 17.1 μm，鳞片高度 33.6 μm，鳞片外翘点到毛干的距离为 1.43 μm（图 4-14）。

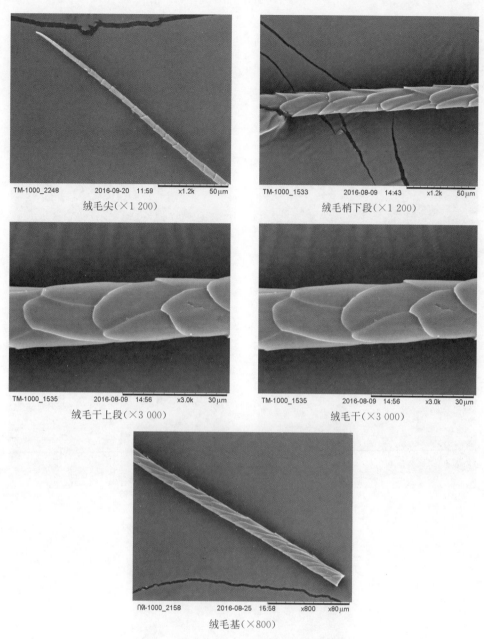

绒毛尖(×1 200)　　　　　绒毛梢下段(×1 200)

绒毛干上段(×3 000)　　　　　绒毛干(×3 000)

绒毛基(×800)

图 4-14　银狐绒毛纵向各部位电镜观察图

横截面:针毛皮质层为圆形,髓腔为多瓣形,髓腔占横切面比例大;绒毛皮质层为圆形,髓腔为圆形,髓腔占横切面比例大(图 4-15)。

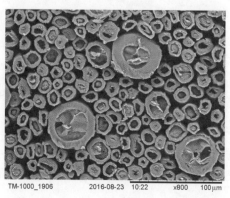

图 4-15　银狐针毛、绒毛横截面电镜观察图(×800)

6. 东沙狐针毛、绒毛电镜观察结果

针毛纵向：从毛尖到毛根各段鳞片型由杂波型—杂波型—尖瓣型—过渡杂瓣形—杂瓣型依次变化，毛干直径 60.8 μm，鳞片高度 50.6 μm（图 4-16）。

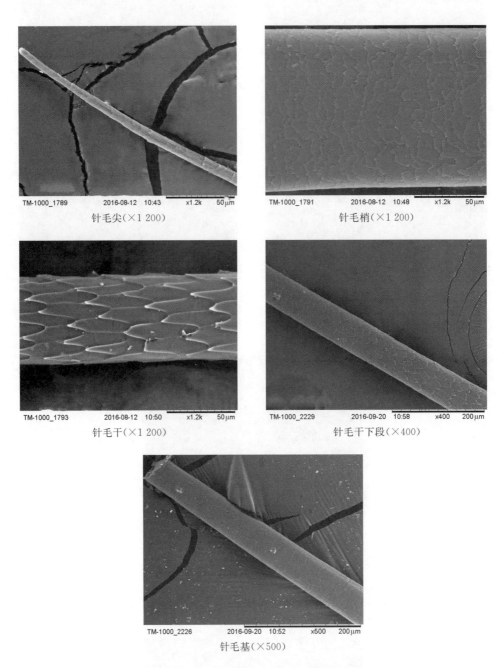

针毛尖（×1 200）　　针毛梢（×1 200）

针毛干（×1 200）　　针毛干下段（×400）

针毛基（×500）

图 4-16　东沙狐针毛纵向各部位电镜观察图

绒毛纵向：从毛尖到毛根各段鳞片型由竹节型—环型—尖瓣型—斜环型—环形依次变化，毛干直径 13.4 μm，鳞片高度 28.7 μm，鳞片外翘点到毛干的距离为 1.79 μm（图 4-17）。

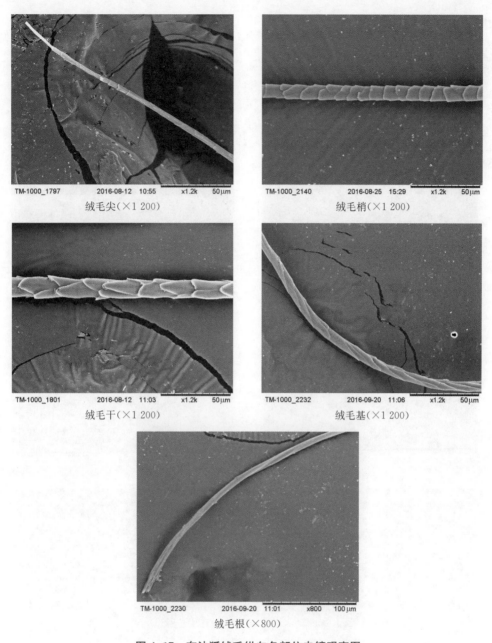

绒毛尖（×1 200）　　　　　　　　绒毛梢（×1 200）

绒毛干（×1 200）　　　　　　　　绒毛基（×1 200）

绒毛根（×800）

图 4-17　东沙狐绒毛纵向各部位电镜观察图

横截面：针毛皮质层为圆形，髓腔为多瓣形，髓腔占横切面比例大；绒毛皮质层为圆形，髓腔为圆形，髓腔占横切面比例大（图 4-18）。

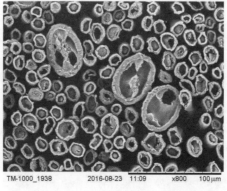

图 4-18　东沙狐针毛、绒毛横截面电镜观察图（×800）

7. 西沙狐针毛、绒毛电镜观察结果

针毛纵向：从毛尖到毛根各段鳞片型由杂波型—杂波型—杂波型—尖瓣型—过渡杂瓣型—杂瓣型依次变化，毛干直径 44.4 μm，鳞片高度 59.4 μm（图 4-19）。

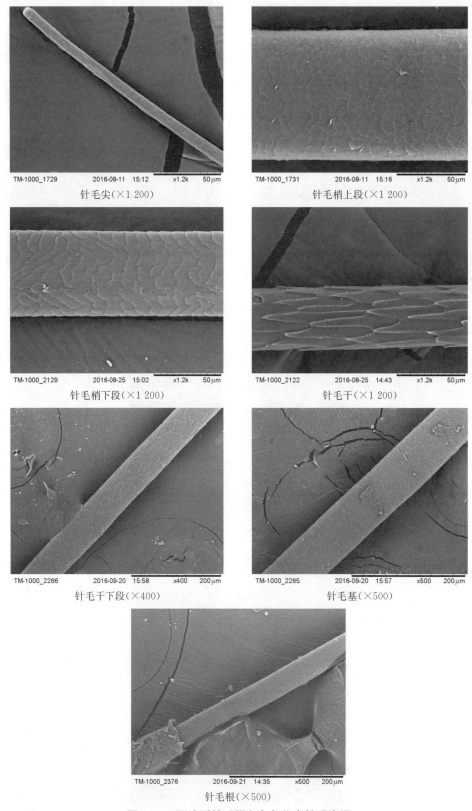

针毛尖（×1 200）

针毛梢上段（×1 200）

针毛梢下段（×1 200）

针毛干（×1 200）

针毛干下段（×400）

针毛基（×500）

针毛根（×500）

图 4-19　西沙狐针毛纵向各部位电镜观察图

绒毛纵向:从毛尖到毛根各段鳞片型由竹节型—斜环型—尖瓣型—斜环型—环型依次变化,毛干直径 16.6 μm,鳞片高度 40.4 μm,鳞片外翘点到毛干的距离为 2.10 μm(图 4-20)。

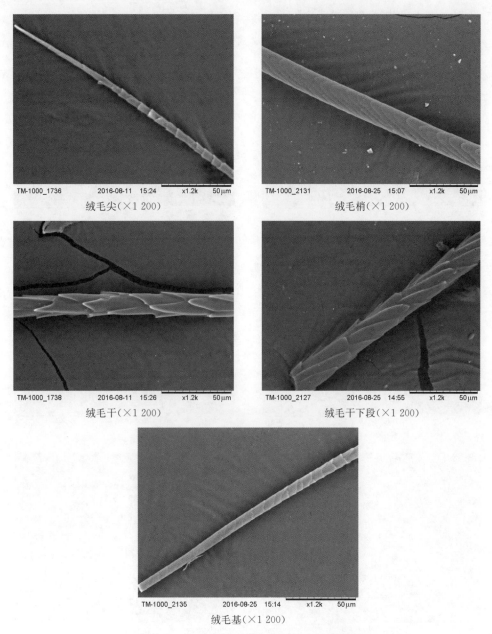

图 4-20　西沙狐绒毛纵向各部位电镜观察图

横截面:针毛皮质层为圆形,髓腔为多瓣形,髓腔占横切面比例大;绒毛皮质层为圆形,髓腔为圆形,髓腔占横切面比例大(图 4-21)。

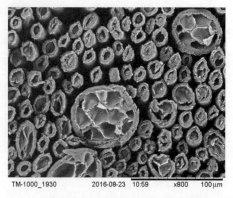

图 4-21　西沙狐针毛、绒毛横截面电镜观察图(×800)

8. 十字狐针毛、绒毛电镜观察结果

针毛纵向:从毛尖到毛根各段鳞片型由杂波型—杂波型—尖瓣型—过渡杂瓣型—杂瓣型依次变化,毛干直径 43.9 μm,鳞片高度 41.7 μm(图 4-22)。

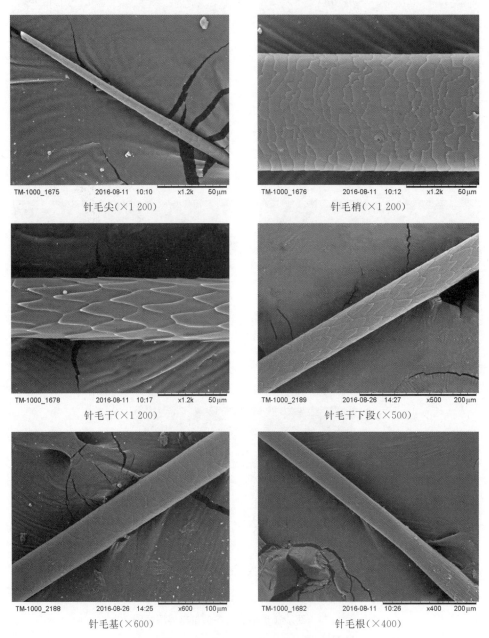

图 4-22　十字狐针毛纵向各部位电镜观察图

绒毛纵向:从毛尖到毛根各段鳞片型由竹节型—斜环型—尖瓣型—环型依次变化,毛干直径约 16.6 μm,鳞片高度约 40.4 μm,鳞片外翘点到毛干的距离约为 1.96 μm(图 4-23)。

横截面:针毛皮质层为圆形,髓腔为多瓣形,髓腔占横切面比例大;绒毛皮质层为圆形,髓腔为圆形,髓腔占横切面比例大(图 4-24)。

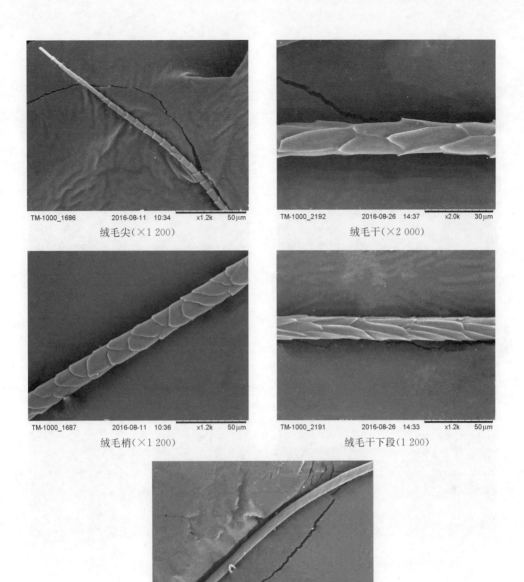

绒毛尖(×1 200)

绒毛干(×2 000)

绒毛梢(×1 200)

绒毛干下段(1 200)

绒毛根(×800)

图4-23 十字狐绒毛纵向各部位电镜观察图

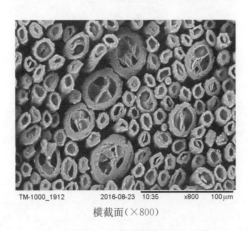

横截面(×800)

图4-24 十字狐针毛、绒毛横截面电镜观察图(×800)

（二）水貂毛皮

1. 黑色公貂针毛、绒毛电镜观察结果

针毛纵向：从毛尖到毛根各段鳞片型由杂波型—杂波型—尖瓣型—过渡杂瓣型—杂瓣型依次变化，毛干直径约 43.5 μm，鳞片高度约 50.7 μm（图 4-25）。

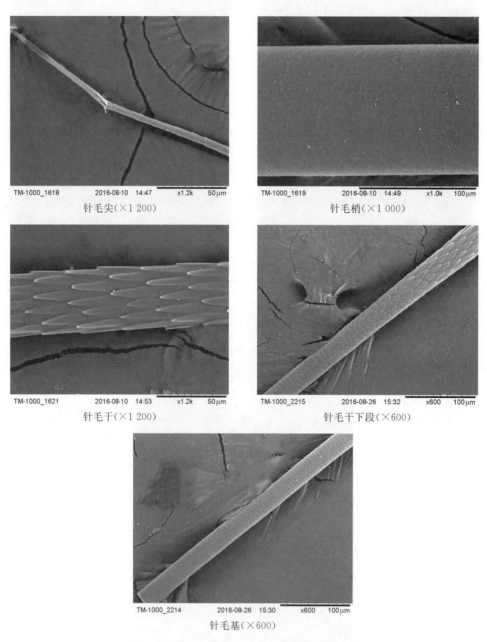

针毛尖（×1 200）　　　　　针毛梢（×1 000）

针毛干（×1 200）　　　　　针毛干下段（×600）

针毛基（×600）

图 4-25　黑色公貂针毛纵向各部位电镜观察图

绒毛纵向：从毛尖到毛根各段鳞片型由竹节型—竹节型—尖瓣型—过渡杂瓣型—环型依次变化，毛干直径约 14.5 μm，鳞片高度约 45.4 μm，鳞片外翘点到毛干的距离约为 1.71 μm（图 4-26）。

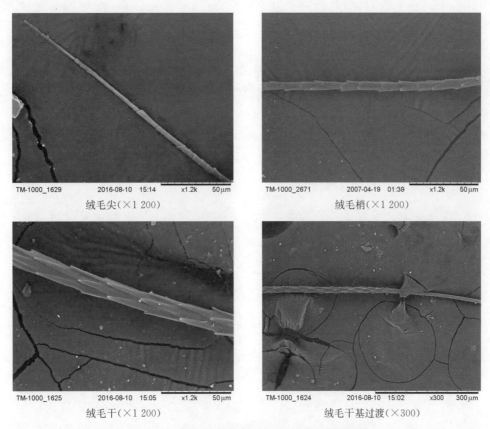

绒毛尖(×1 200)　　　　　　　　　　绒毛梢(×1 200)

绒毛干(×1 200)　　　　　　　　　绒毛干基过渡(×300)

图 4-26　黑色公貂绒毛纵向各部位电镜观察图

横截面:针毛皮质层为椭圆形和三角形,髓腔为多瓣形,髓腔占横切面比例较大;绒毛皮质层为齿轮形,髓腔为圆形,髓腔占横切面比例较小(图 4-27)。

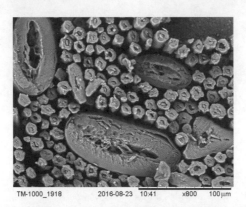

图 4-27　黑色公貂针毛、绒毛横截面电镜观察图(×800)

2. 褐色母貂针毛、绒毛电镜观察结果

针毛纵向:从毛尖到毛根各段鳞片型由杂波型—杂波型—卵瓣型—尖瓣型—过渡杂瓣型—杂瓣型依次变化,毛干直径约 41.9 μm,鳞片高度约 60.3 μm(图 4-28)。

绒毛纵向:从毛尖到毛根各段鳞片型由杂波型—尖瓣型—过渡杂瓣型—环型依次变化,毛干直径约 14.6 μm,鳞片高度约 51.6 μm,鳞片外翘点到毛干的距离约为 1.09 μm(图 4-29)。

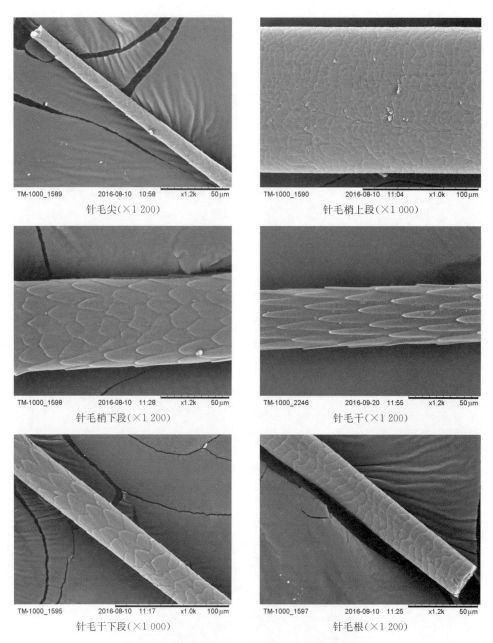

针毛尖(×1 200)

针毛梢上段(×1 000)

针毛梢下段(×1 200)

针毛干(×1 200)

针毛干下段(×1 000)

针毛根(×1 200)

图 4-28　褐色母貂针毛纵向各部位电镜观察图

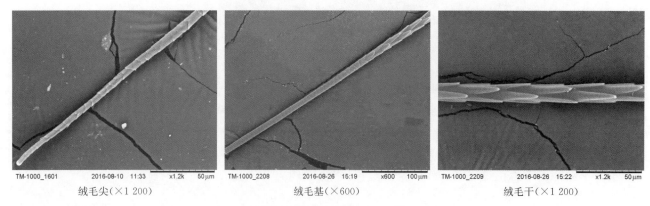

绒毛尖(×1 200)

绒毛基(×600)

绒毛干(×1 200)

图 4-29　褐色母貂绒毛纵向各部位电镜观察图

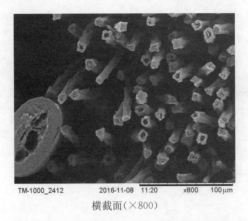

横截面(×800)

图 4-30　褐色母貂针毛、绒毛横截面电镜观察图

横截面:针毛皮质层为椭圆形,髓腔为多瓣形,髓腔占横切面比例较大;绒毛皮质层为齿轮形,髓腔为圆形,髓腔占横切面比例较大(图 4-30)。

3. 十字公貂针毛、绒毛电镜观察结果

针毛纵向:从毛尖到毛根各段鳞片型由杂波型—杂波型—尖瓣型—过渡杂瓣型—杂瓣型依次变化,毛干直径 53.3 μm,鳞片高度 62.8 μm(图 4-31)。

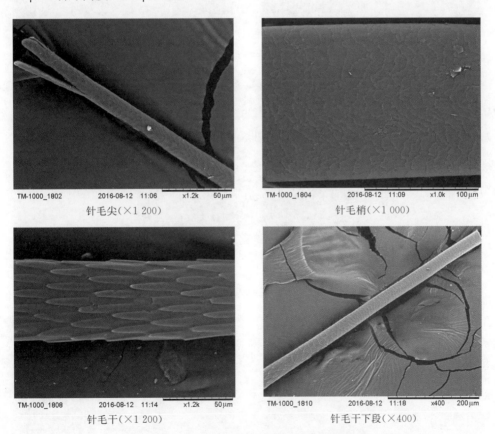

针毛尖(×1 200)　　　　　　　　　　针毛梢(×1 000)

针毛干(×1 200)　　　　　　　　　　针毛干下段(×400)

图 4-31　十字公貂针毛纵向各部位电镜观察图

绒毛纵向:从毛尖到毛根各段鳞片型由竹节型—竹节型—尖瓣型—过渡杂瓣型—环型依次变化,毛干直径 13.0 μm,鳞片高度 54.8 μm,鳞片外翘点到毛干的距离为 1.33 μm(图 4-32)。

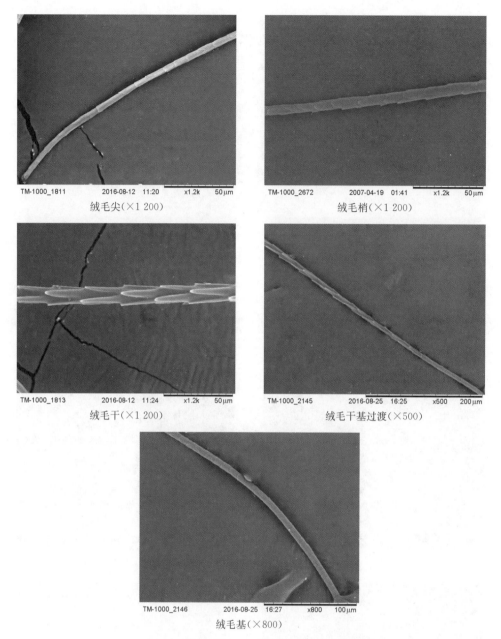

绒毛尖(×1 200)

绒毛梢(×1 200)

绒毛干(×1 200)

绒毛干基过渡(×500)

绒毛基(×800)

图4-32 十字公貂绒毛纵向各部位电镜观察图

横截面:针毛皮质层为椭圆形,髓腔为多瓣形,髓腔占横切面比例较大;绒毛皮质层为齿轮形,髓腔为椭圆形,髓腔占横切面比例较大(图4-33)。

(三)青根貂毛皮

针毛纵向:从毛尖到毛根各段鳞片型由杂波型—杂波型—杂瓣型—杂瓣型依次变化,毛干直径57.3 μm,鳞片高度 12.4 μm(图4-34)。

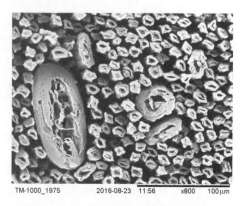

图4-33 十字公貂针毛、绒毛横截面
电镜观察图(×800)

图 4-34　青根貂针毛纵向各部位电镜观察图

绒毛纵向：从毛尖到毛根各段鳞片型由竹节型—环型—斜环型—竹节型依次变化，毛干直径
16.5 μm，鳞片高度 21.6 μm，鳞片外翘点到毛干的距离为 898 nm(图 4-35)。

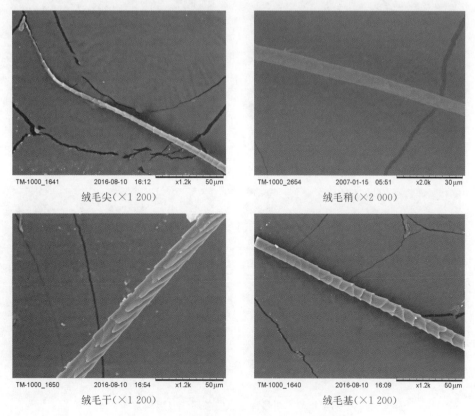

图 4-35　青根貂绒毛纵向各部位电镜观察图

横截面:针毛皮质层为椭圆形,髓腔为椭圆形,髓腔占横切面比例很小;绒毛皮质层为圆形,髓腔为圆形,髓腔占横切面比例较大(图4-36)。

(四) 貉子毛皮

1. 南貉针毛、绒毛电镜观察结果

针毛纵向:从毛尖到毛根各段鳞片型由杂波型—杂波型—杂波型—斜长瓣型—杂瓣型—杂瓣型依次变化,毛干鳞片高度16.6 μm,直径40.9 μm(图4-37)。

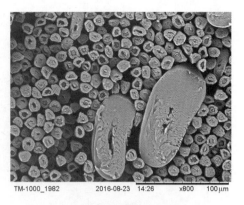

图4-36 青根貂针毛、绒毛横截面电镜观察图(×800)

针毛尖(×1 200)

针毛梢上段(×1 200)

针毛梢下段(×1 200)

针毛干(×1 200)

针毛干下段(×800)

针毛基(×800)

图4-37 南貉针毛纵向各部位电镜观察图

绒毛纵向：从毛尖到毛根各段鳞片型由杂波型—环型—长瓣型—杂瓣型依次变化，毛干直径12.4 μm，鳞片高度26.3 μm，鳞片外翘点到毛干的距离为1.09 μm(图4-38)。

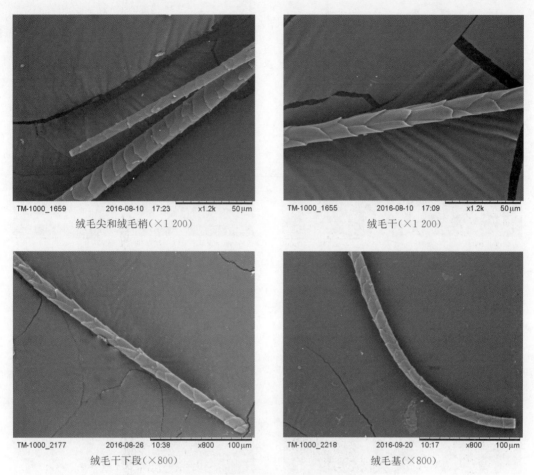

绒毛尖和绒毛梢(×1 200)　　　　　　　绒毛干(×1 200)

绒毛干下段(×800)　　　　　　　　　绒毛基(×800)

图4-38　南貉绒毛纵向各部位电镜观察图

横截面：针毛皮质层为圆形，髓腔为多瓣形，髓腔占横切面比例大；绒毛皮质层为圆形，髓腔为圆形。

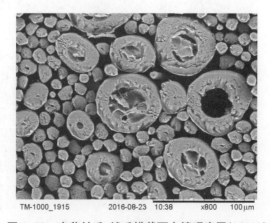

图4-39　南貉针毛、绒毛横截面电镜观察图(×800)

2. 北貉针毛、绒毛电镜观察结果

针毛纵向：从毛尖到毛根各段鳞片型由杂波型—杂波型—杂瓣型—杂瓣型依次变化，毛干鳞片高度 19.3 μm，直径82.4 μm(图 4-40)。

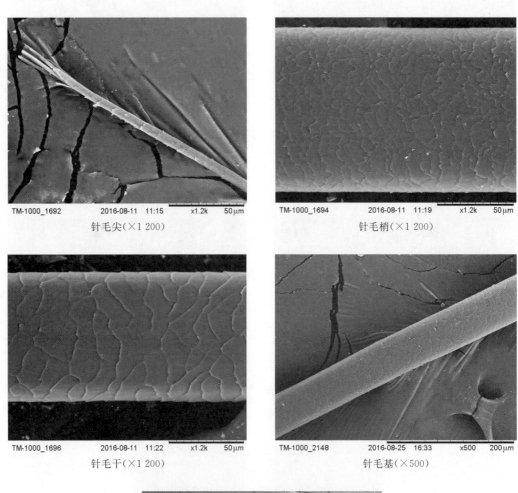

针毛尖(×1 200)   针毛梢(×1 200)

针毛干(×1 200)   针毛基(×500)

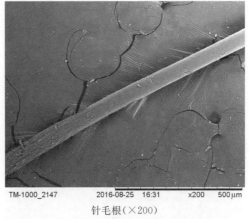

针毛根(×200)

图 4-40　北貉针毛纵向各部位电镜观察图

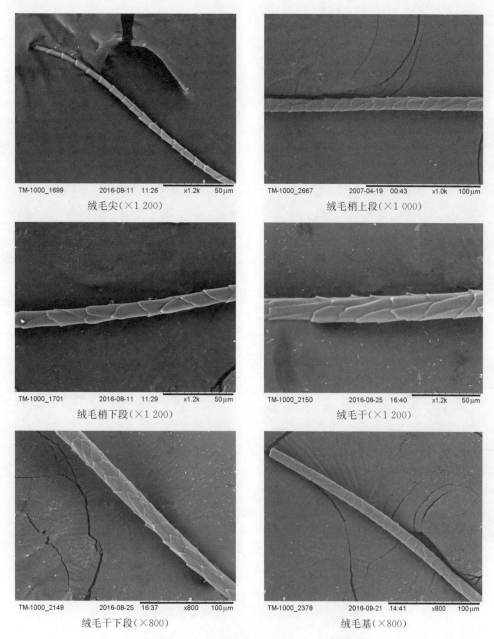

绒毛尖(×1 200)

绒毛梢上段(×1 000)

绒毛梢下段(×1 200)

绒毛干(×1 200)

绒毛干下段(×800)

绒毛基(×800)

图 4-41 北貉绒毛纵向各部位电镜观察图

绒毛纵向:从毛尖到毛根各段鳞片型由竹节型—环型—斜长瓣型—尖瓣型—杂瓣型依次变化,毛干直径 17.4 μm,鳞片高度 37.6 μm,鳞片外翘点到毛干的距离为 2.39 μm(图 4-41)。

横截面:针毛皮质层为圆形,髓腔为多瓣形,髓腔占横切面比例大;绒毛皮质层为椭圆形,髓腔为圆形,髓腔占横切面比例大(图 4-42)。

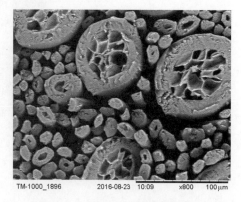

图 4-42 北貉针毛、绒毛横截面
电镜观察图(×800)

3. 美洲貉针毛、绒毛电镜观察结果

针毛纵向：从毛尖到毛根各段鳞片型由杂波型—杂波型—尖瓣型—杂瓣型—杂瓣型依次变化，毛干鳞片高度 30.3 μm，直径 63.0 μm(图 4-43)。

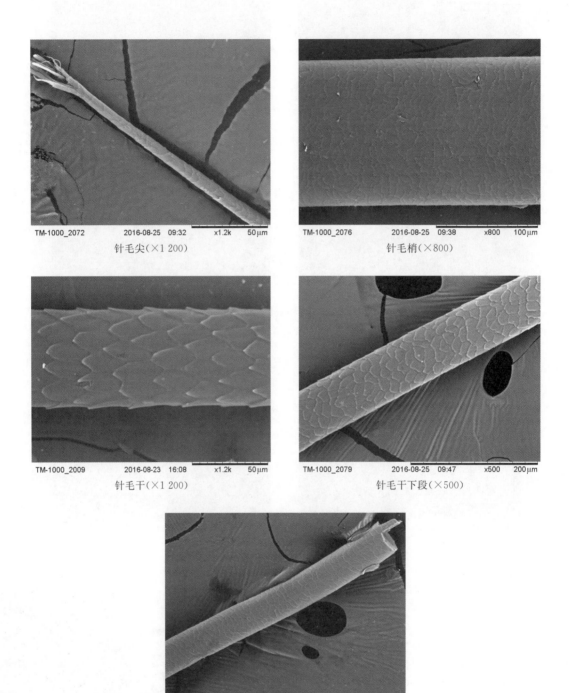

针毛尖(×1 200)　　　　　　针毛梢(×800)

针毛干(×1 200)　　　　　　针毛干下段(×500)

针毛基(×500)

图 4-43　美洲貉针毛纵向各部位电镜观察图

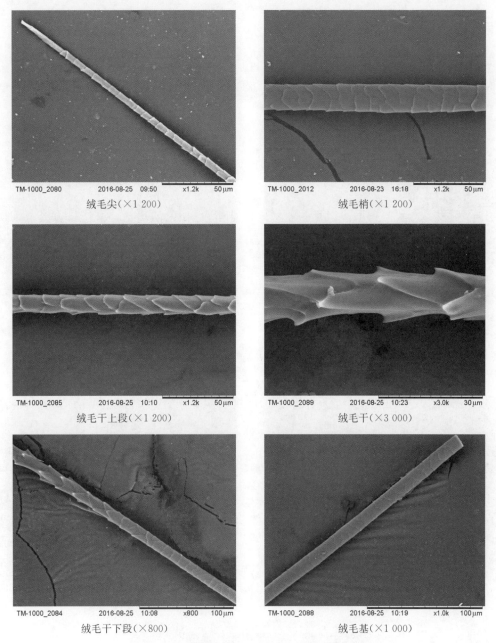

绒毛尖(×1 200)　　绒毛梢(×1 200)

绒毛干上段(×1 200)　　绒毛干(×3 000)

绒毛干下段(×800)　　绒毛基(×1 000)

图 4-44　美洲貉绒毛纵向各部位电镜观察图

绒毛纵向:从毛尖到毛根各段鳞片型由竹节型—环型—杂瓣型—尖瓣型—尖瓣型—杂瓣型依次变化,毛干直径 13.0 μm,鳞片高度 18.7 μm,鳞片外翘点到毛干的距离为 1.60 μm(图4-44)。

横截面:针毛皮质层为椭圆形,髓腔为多瓣形,髓腔占横切面比例小;绒毛皮质层为椭圆形,髓腔为椭圆形,髓腔占横切面比例小(图4-45)。

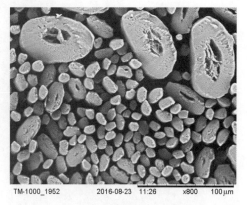

图 4-45　美洲貉针毛、绒毛横截面电镜观察图(×800)

（五）兔毛皮

1. 家兔针毛、绒毛电镜观察结果

针毛纵向：从毛尖到毛根各段鳞片型由环型—波纹型—V 字型—尖 V 字型依次变化，毛干直径 49.4 μm，鳞片高度 11.7 μm(图 4-46)。

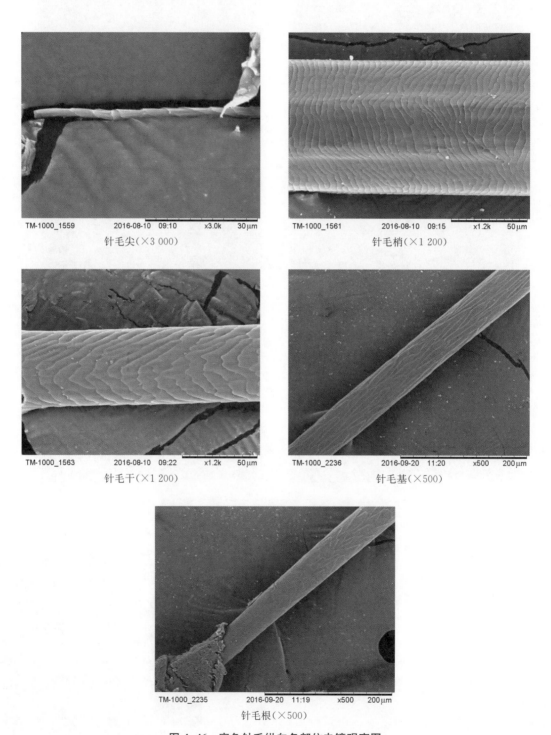

针毛尖(×3 000)　　　　　　针毛梢(×1 200)

针毛干(×1 200)　　　　　　针毛基(×500)

针毛根(×500)

图 4-46　家兔针毛纵向各部位电镜观察图

绒毛纵向：从毛尖到毛根各段鳞片型由竹节型—环型—齿状型—长瓣型—尖瓣型依次变化，毛干直径14.9 μm，鳞片高度 10.6 μm，鳞片外翘点与毛干之间的距离为 878 nm(图 4-47)。

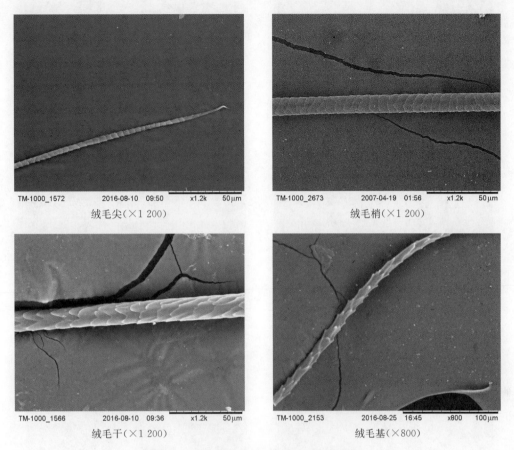

绒毛尖(×1 200)　　　　　　　　　　绒毛梢(×1 200)

绒毛干(×1 200)　　　　　　　　　　绒毛基(×800)

图 4-47　家兔绒毛纵向各部位电镜观察图

横截面：针毛皮质层为椭圆形，髓腔为 3～4 格的连瓣形，髓腔占横切面比例大；绒毛皮质层为方形或椭圆形，髓腔为椭圆形，髓腔占横切面比例大(图 4-48)。

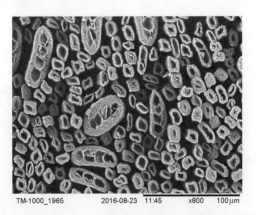

图 4-48　家兔针毛、绒毛横截面电镜观察图(×800)

2. 獭兔绒毛电镜观察结果

绒毛纵向：从毛尖到毛根各段鳞片型由竹节型—环型—齿状型—斜环型—尖瓣型—环型依次变化，

毛干直径 13.8 μm,鳞片高度 9.58 μm,鳞片外翘点与毛干之间的距离为 724 nm(图 4-49)。

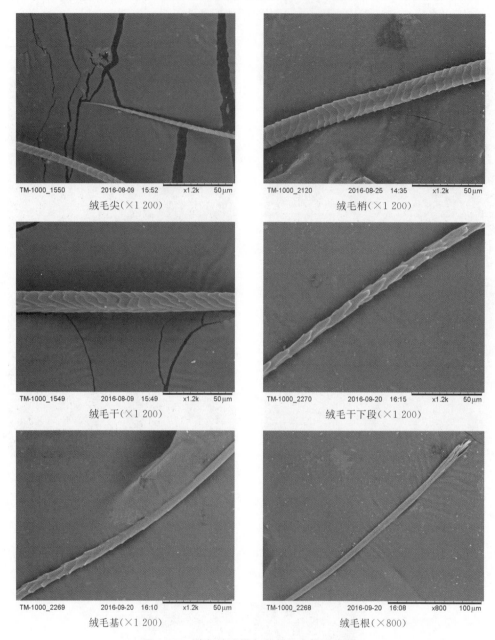

图 4-49　獭兔绒毛纵向各部位电镜观察图

横截面:皮质层为椭圆形,髓腔为椭圆形,髓腔占横切面比例大(图 4-50)。

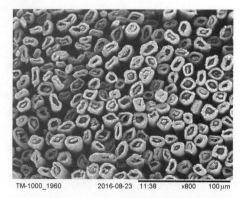

图 4-50　獭兔针毛、绒毛横截面电镜观察图(×800)

(六) 羊毛皮

1. 澳大利亚绵羊毛电镜观察结果

纵向:从毛尖到毛根,鳞片以杂瓣型为主,毛干直径为 31.5 μm,鳞片高度为 15.6 μm(图 4-51)。

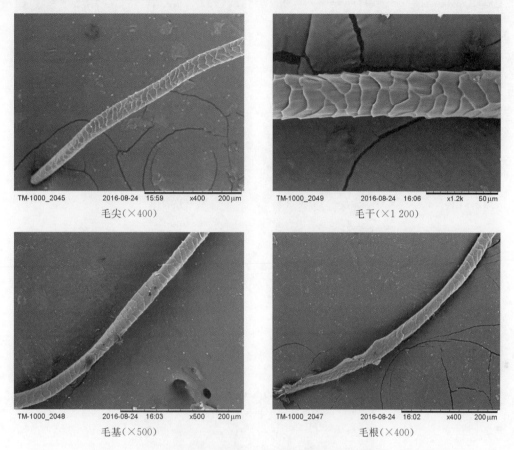

毛尖(×400)　　　　　毛干(×1 200)

毛基(×500)　　　　　毛根(×400)

图 4-51　澳大利亚绵羊毛纵向各部位电镜观察图

横截面:皮质层为椭圆形,无髓腔(图 4-52)。

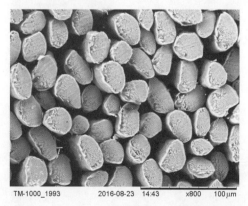

图 4-52　澳大利亚绵羊毛横截面电镜观察图(×800)

2. 安哥拉绵羊毛电镜观察结果

纵向:从毛尖到毛根,鳞片以杂瓣型为主,毛干直径约 34.5 μm,鳞片高度约19.8 μm(图 4-53)。
横截面:皮质层为圆形,无髓腔(图 4-54)。

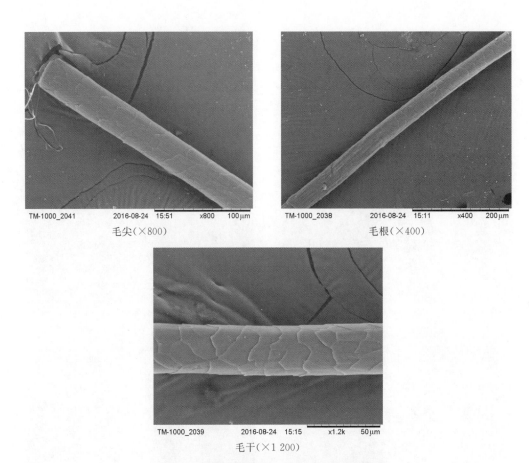

毛尖(×800)

毛根(×400)

毛干(×1 200)

图 4-53 安哥拉绵羊毛纵向各部位电镜观察图

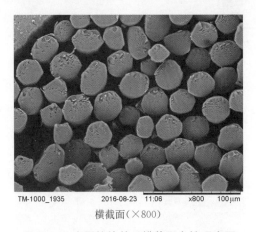

横截面(×800)

图 4-54 安哥拉绵羊毛横截面电镜观察图

3. 湖羊毛电镜观察结果

粗毛纵向:从毛尖到毛根,各段鳞片型由杂波型—杂瓣型—杂瓣型—杂瓣型依次变化,毛干直径约 37.3 μm,鳞片高度约 14.5 μm(图 4-55)。

细毛纵向:从毛尖到毛根,各段鳞片型由杂波型—杂瓣型—杂瓣型依次变化,毛干直径为 19.8 μm,鳞片高度为 9.63 μm,鳞片外翘点到毛干的距离为 895 nm(图 4-56)。

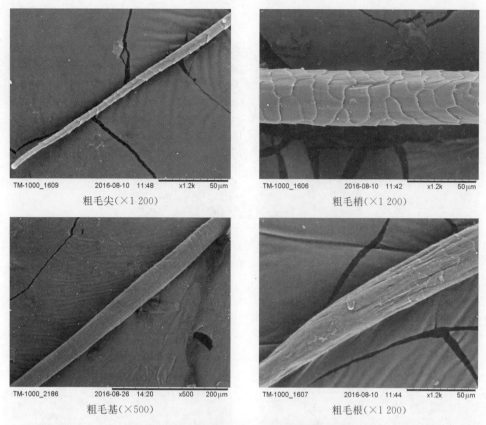

粗毛尖(×1 200)　　　　粗毛梢(×1 200)

粗毛基(×500)　　　　粗毛根(×1 200)

图 4-55　湖羊毛粗毛纵向各部位电镜观察图

细毛尖(×1 200)　　　　细毛基(×800)

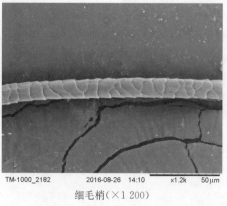

细毛梢(×1 200)

图 4-56　湖羊毛细毛纵向各部位电镜观察图

横截面:皮质层为椭圆形,有些有髓,髓腔呈多瓣型,髓腔占横切面比例小,有些无髓(图4-57)。

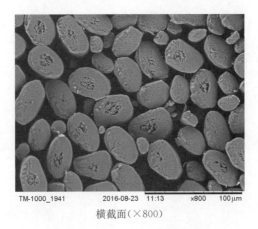

横截面(×800)

图4-57 湖羊毛横截面电镜观察图

4. 滩羊毛电镜观察结果

粗毛纵向:从毛尖到毛根各段鳞片型由杂波型—杂瓣型—齐嵌型—齐嵌型依次变化,毛干直径约30.8 μm,鳞片高度约19.1 μm(图4-58)。

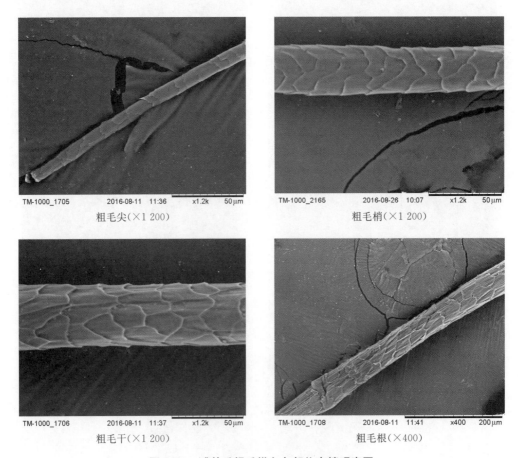

粗毛尖(×1 200)　　　　粗毛梢(×1 200)

粗毛干(×1 200)　　　　粗毛根(×400)

图4-58 滩羊毛粗毛纵向各部位电镜观察图

细毛纵向:从毛尖到毛根各段鳞片型由环型—长瓣型—齐嵌型依次变化,毛干直径约14.1 μm,鳞片高度约28.4 μm,鳞片外翘点到毛干的距离约655 nm(图4-59)。

　　横截面:粗毛皮质层为椭圆形,细毛皮质层为圆形。有些粗毛有髓,有些无髓,细毛均无髓。髓腔占横切面比例小(图4-60)。

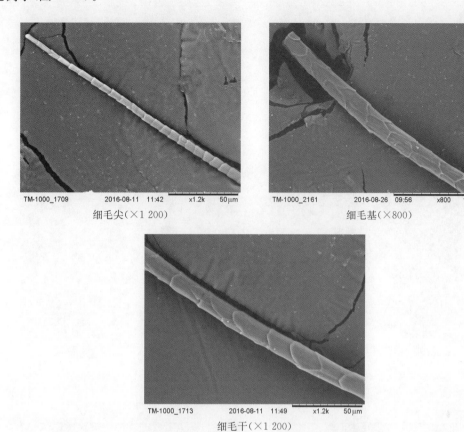

细毛尖(×1 200)　　　　　　　　　　细毛基(×800)

细毛干(×1 200)

图 4-59　滩羊毛细毛纵向各部位电镜观察图

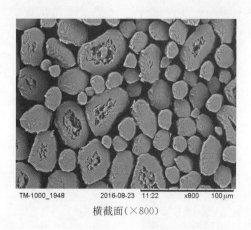

横截面(×800)

图 4-60　滩羊毛粗毛、细毛横截面电镜观察图

5. 长毛山羊毛电镜观察结果

　　粗毛纵向:从毛尖到毛根各段鳞片型由杂波型—杂瓣型—杂瓣型—杂瓣型依次变化为主,毛干直径约 37.7 μm,鳞片高度约 8.93 μm(图 4-61)。

　　细毛纵向:从毛尖到毛根各段鳞片型由杂波型—杂瓣型—杂瓣型—杂瓣型依次变化,毛干直径约 15.9 μm,鳞片高度约16.6 μm,鳞片外翘点到毛干的距离约为 638 nm(图4-62)。

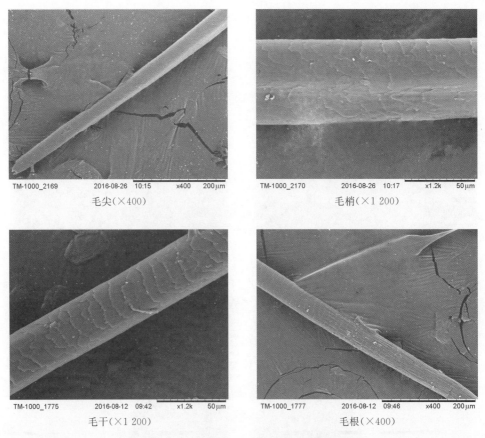

毛尖(×400)

毛梢(×1 200)

毛干(×1 200)

毛根(×400)

图 4-61　长毛山羊粗毛纵向各部位电镜观察图

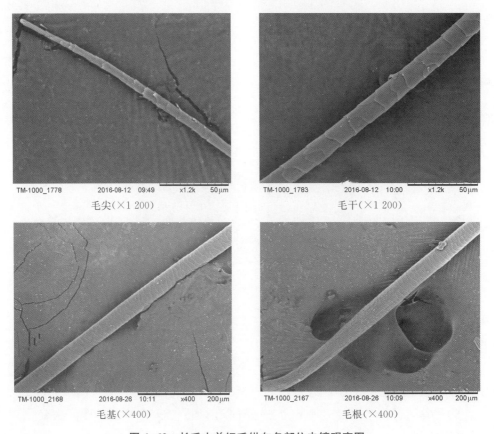

毛尖(×1 200)

毛干(×1 200)

毛基(×400)

毛根(×400)

图 4-62　长毛山羊细毛纵向各部位电镜观察图

横截面:皮质层为椭圆形,有些有髓,有些无髓。髓腔占横切面比例小(图4-63)。

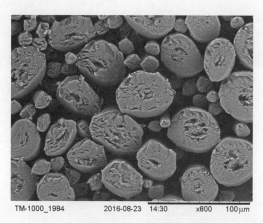

图 4-63　长毛山羊粗毛、细毛横截面电镜观察图(×800)

6. 白猾子毛电镜观察结果

羊毛纵向:从毛尖到毛根各段鳞片型由杂波型—杂瓣型—杂瓣型依次变化,毛干直径约 28.8 μm,鳞片高度约 9.72 μm(图4-64)。

毛尖(×1 200)　　　　　毛根(×1 200)

毛干(×1 200)

图 4-64　白猾子毛纵向各部位电镜观察图

横截面:皮质层为花生形和椭圆形。粗毛髓腔为多瓣形,髓腔占横切面比例大,细毛无髓腔(图 4-65)。

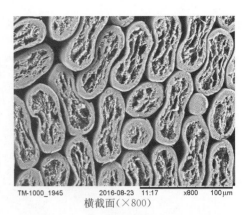

横截面(×800)

图 4-65　白猾子毛横截面电镜观察图

(七) 河狸毛皮

针毛纵向:从毛尖到毛根各段鳞片型由杂波型—杂波型—杂波型依次变化,毛干直径约 98.7 μm,鳞片高度约 10.5 μm(图 4-66)。

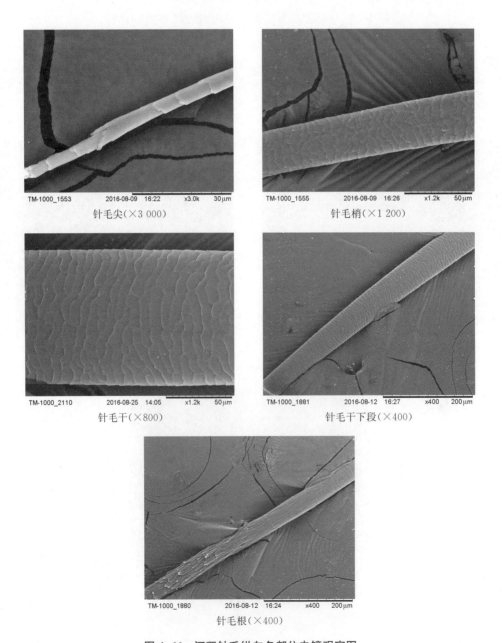

针毛尖(×3 000)　　　　　针毛梢(×1 200)

针毛干(×800)　　　　　针毛干下段(×400)

针毛根(×400)

图 4-66　河狸针毛纵向各部位电镜观察图

绒毛纵向:从毛尖到毛根各段鳞片型由环型—环型—环型依次变化,毛干直径约 11.6 μm,鳞片高度约 7.74 μm,鳞片外翘点到毛干的距离约为 1.13 μm(图 4-67)。

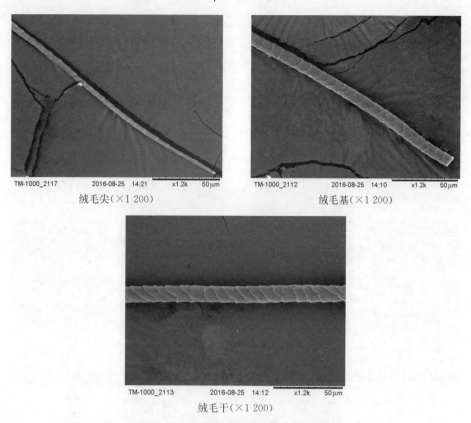

绒毛尖(×1 200)　　　　　　　　　绒毛基(×1 200)

绒毛干(×1 200)

图 4-67　河狸绒毛纵向各部位电镜观察图

横截面:针毛皮质层为椭圆形,髓腔为多瓣形,髓腔占横切面比例大;绒毛皮质层为圆形,髓腔也为圆形,髓腔占横切面比例小(图 4-68)。

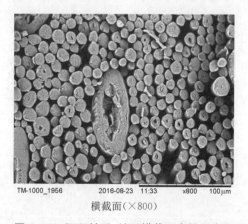

横截面(×800)

图 4-68　河狸针毛、绒毛横截面电镜观察图

(八) 狸子毛皮

1. 南狸针毛、绒毛电镜观察结果

针毛纵向:从毛尖到毛根各段鳞片型由杂波型—杂波型—尖瓣型—过渡杂瓣型—杂瓣型依次变化,毛干直径约 24.8 μm,鳞片高度约 39.9 μm,鳞片外翘点到毛干的距离为约 2.23 μm(图 4-69)。

绒毛纵向：从毛尖到毛根各段鳞片型由环型—环型—尖瓣型—环型依次变化，毛干直径约 10.7 μm，鳞片高度约 24.4 μm，鳞片外翘点到毛干的距离约为 3.28 μm（图 4-70）。

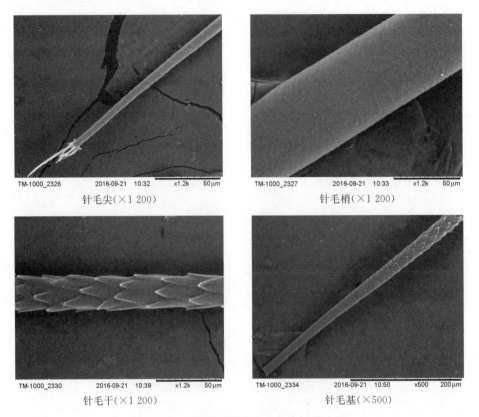

针毛尖（×1 200）

针毛梢（×1 200）

针毛干（×1 200）

针毛基（×500）

图 4-69 南狸针毛纵向各部位电镜观察图

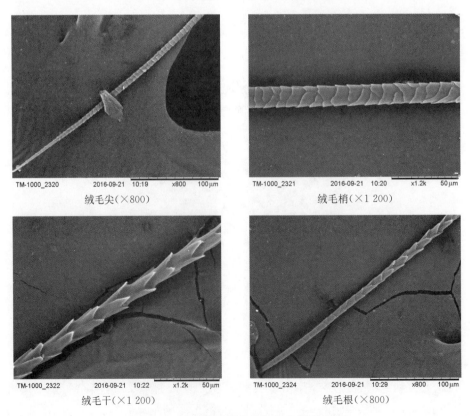

绒毛尖（×800）

绒毛梢（×1 200）

绒毛干（×1 200）

绒毛根（×800）

图 4-70 南狸绒毛纵向各部位电镜观察图

横截面:针毛皮质层为圆形,髓腔为多瓣形,髓腔占横切面比例大;绒毛皮质层为圆形,髓腔也为圆形,髓腔占横切面比例大(图4-71)。

2. 北狸针毛、绒毛电镜观察结果

针毛纵向:从毛尖到毛根各段鳞片型由杂波型—杂瓣型—尖瓣型—过渡杂瓣型—杂瓣型依次变化,毛干直径约 38.5 μm,鳞片高度约 19.8 μm(图4-72)。

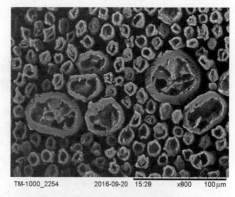

图4-71　南狸针毛、绒毛横截面电镜观察图(×800)

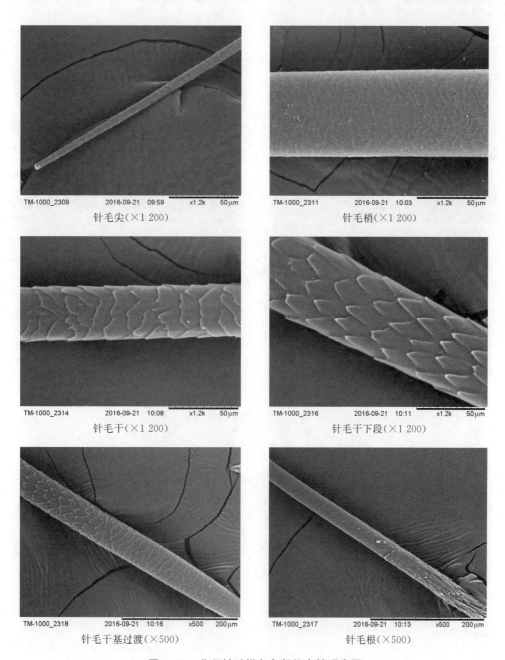

针毛尖(×1 200)　　　　　　针毛梢(×1 200)

针毛干(×1 200)　　　　　　针毛干下段(×1 200)

针毛干基过渡(×500)　　　　　针毛根(×500)

图4-72　北狸针毛纵向各部位电镜观察图

绒毛纵向:从毛尖到毛根各段鳞片型由杂波型—环型—长瓣型—过渡杂瓣型—环型依次变化,毛干直径为 17.3 μm,鳞片高度为 40.8 μm,鳞片外翘点到毛干的距离为 1.94 μm(图 4-73)。

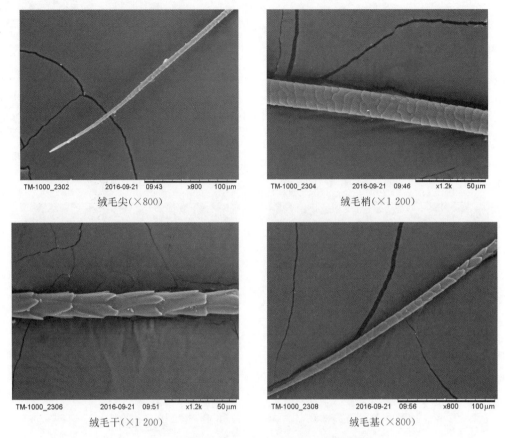

绒毛尖(×800)　　　　　　　　　绒毛梢(×1 200)

绒毛干(×1 200)　　　　　　　　　绒毛基(×800)

图 4-73　北狸绒毛纵向各部位电镜观察图

横截面:针毛皮质层为圆形,髓腔为多瓣形,髓腔占横切面比例大;绒毛皮质层为椭圆形或圆形,髓腔也为椭圆形或圆形,髓腔占横切面比例大(图 4-74)。

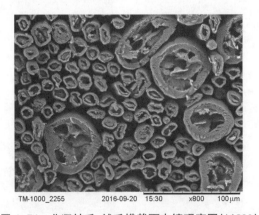

图 4-74　北狸针毛、绒毛横截面电镜观察图(×800)

(九) 艾虎毛皮

针毛纵向:从毛尖到毛根各段鳞片型由杂波型—杂波型—杂波型—尖瓣型—尖瓣型—过渡杂瓣型—

杂瓣型依次变化,毛干直径约 68.8 μm,鳞片高度约 41.2 μm(图 4-75)。

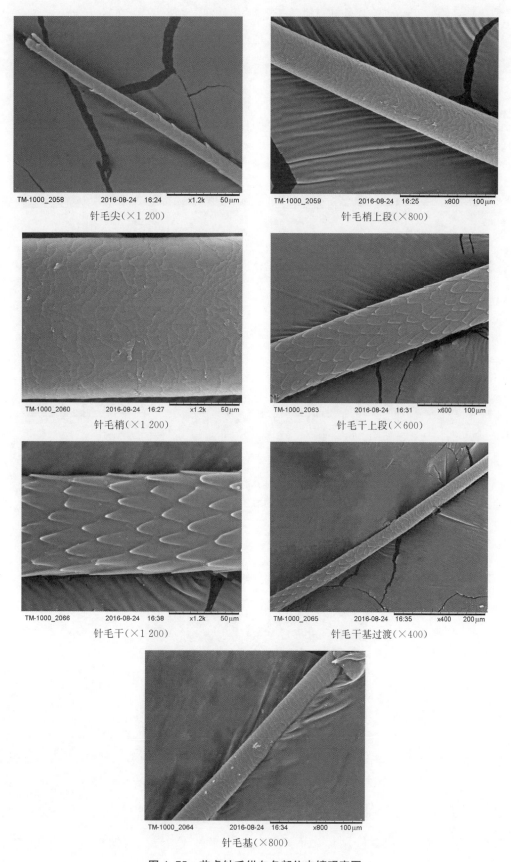

图 4-75　艾虎针毛纵向各部位电镜观察图

绒毛纵向:从毛尖到毛根各段鳞片型由竹节型—环型—尖瓣型—环型依次变化,毛干直径约16.9 μm,鳞片高度约51.3 μm,鳞片外翘点到毛干的距离为2.40 μm(图4-76)。

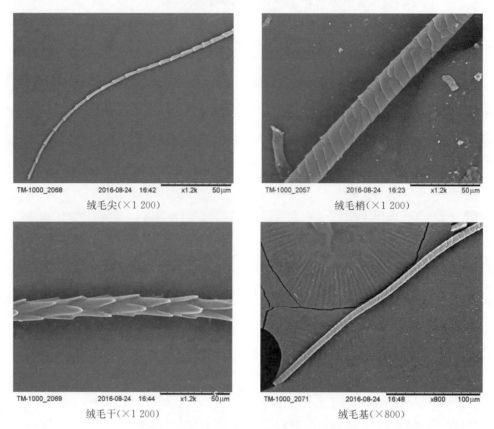

绒毛尖(×1 200)   绒毛梢(×1 200)

绒毛干(×1 200)   绒毛基(×800)

图4-76 艾虎绒毛纵向各部位电镜观察图

横截面:针毛皮质层为椭圆形,髓腔为多瓣形,髓腔占横切面比例大;绒毛皮质层为齿轮形,髓腔为圆形,髓腔占横切面比例小(图4-77)。

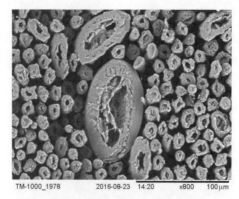

图4-77 艾虎针毛、绒毛横截面电镜观察图(×800)

(十) 负鼠毛皮

针毛纵向:从毛尖到毛根各段鳞片型由环型—杂瓣型—杂瓣型—杂瓣型依次变化,毛干直径约53.3 μm,鳞片高度约16.6 μm(图4-78)。

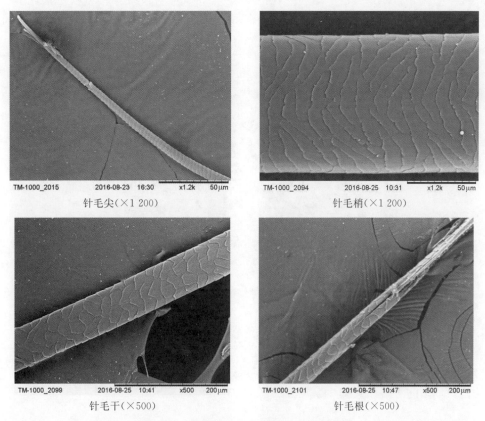

图 4-78　负鼠针毛纵向各部位电镜观察图

绒毛纵向:从毛尖到毛根各段鳞片型由竹节型—杂瓣型—杂瓣型—杂瓣型依次变化,毛干直径约37.8 μm,鳞片高度约 17.3 μm,鳞片外翘点到毛干的距离约为 1.09 μm(图 4-79)。

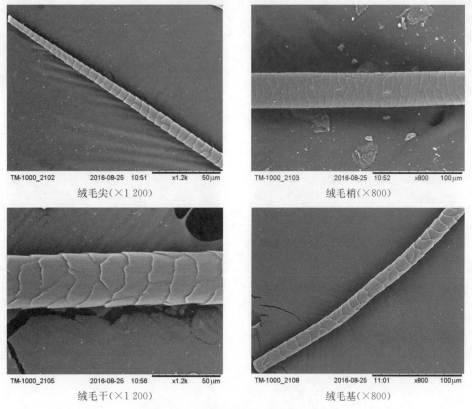

图 4-79　负鼠绒毛各部位电镜观察图

横截面:针毛皮质层为半圆形,髓腔为多瓣形,髓腔占横切面比例较小;绒毛皮质层为半圆形,髓腔为不规则圆形,髓腔占横切面比例小,有些无髓腔(图 4-80)。

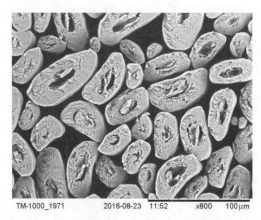

图 4-80　负鼠针毛、绒毛横截面电镜观察图(×800)

(十一) 旱獭毛皮

针毛纵向:从毛尖到毛根各段鳞片型由杂波型—杂波型—V 字型—杂瓣型依次变化,毛干直径约79.4 μm,鳞片高度约 11.2 μm(图 4-81)。

针毛尖(×800)　　　　针毛梢(×800)

针毛干(×1 200)　　　　针毛基(×800)

图 4-81　旱獭针毛纵向各部位电镜观察图

绒毛纵向:从毛尖到毛根各段鳞片型由杂波型—杂瓣型—斜长瓣型—杂瓣型依次变化,毛干直径约 22.3 μm,鳞片高度约 11.4 μm(图 4-82)。

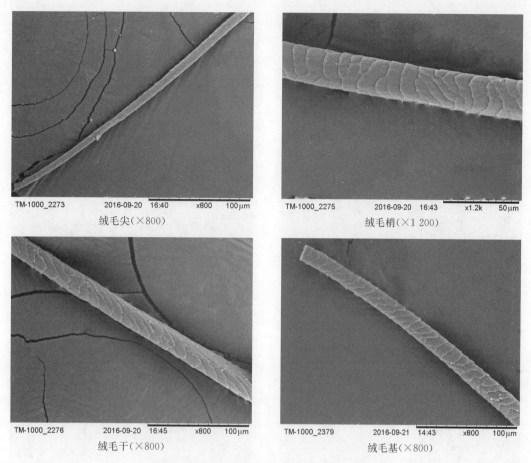

绒毛尖(×800)　　　　　　　　　　绒毛梢(×1 200)

绒毛干(×800)　　　　　　　　　　绒毛基(×800)

图 4-82　旱獭绒毛纵向各部位电镜观察图

横截面:针毛皮质层为椭圆形,髓腔为多瓣形,髓腔占横切面比例大;绒毛皮质层为椭圆形,髓腔为圆形,髓腔占横切面比例小(图 4-83)。

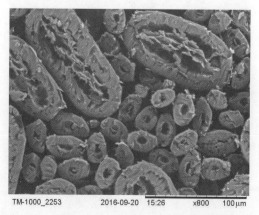

图 4-83　旱獭针毛、绒毛横截面电镜观察图(×800)

(十二) 黄猫毛皮

针毛纵向:从毛尖到毛根各段鳞片型由杂波型—杂波型—杂波型—杂瓣型—杂瓣型—杂瓣型依次变化,毛干直径约79.4 μm,鳞片高度约11.2 μm(图4-84)。

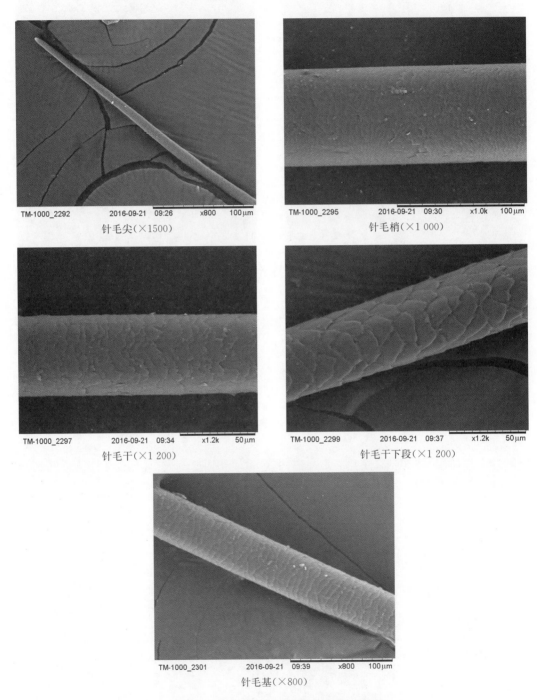

针毛尖(×1500)

针毛梢(×1 000)

针毛干(×1 200)

针毛干下段(×1 200)

针毛基(×800)

图4-84 黄猫针毛纵向各部位电镜观察图

绒毛纵向:从毛尖到毛根各段鳞片型由杂波型—杂瓣型—尖瓣型—过渡杂瓣型—杂瓣型依次变化,毛干直径约18.3 μm,鳞片高度约29.5 μm,鳞片外翘点到毛干的距离约3.20 μm(图4-85)。

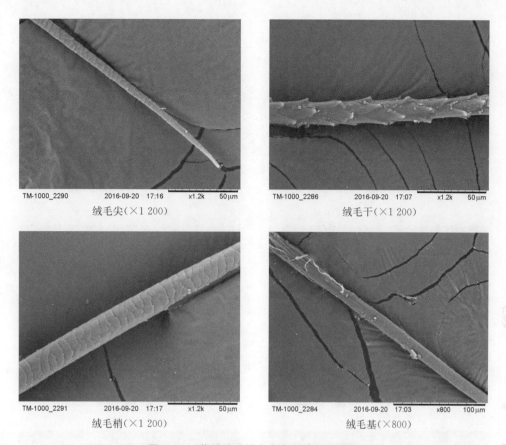

绒毛尖(×1 200)

绒毛干(×1 200)

绒毛梢(×1 200)

绒毛基(×800)

图4-85　黄猺绒毛纵向各部位电镜观察图

横截面:针毛皮质层为椭圆形,髓腔为多瓣形,髓腔占横切面比例小;绒毛皮质层为椭圆形,髓腔为圆形,髓腔占横切面比例小(图4-86)。

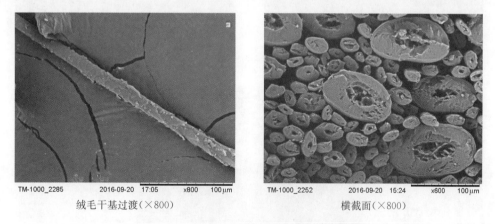

绒毛干基过渡(×800)

横截面(×800)

图4-86　黄猺针毛、绒毛横截面电镜观察图

(十三) 狼狗毛皮

针毛纵向:从毛尖到毛根各段鳞片型由杂波型—杂波型—卵瓣型—卵瓣型—尖瓣型—杂瓣型依次变化,毛干直径约44.4 μm,鳞片高度约24.3 μm(图4-87)。

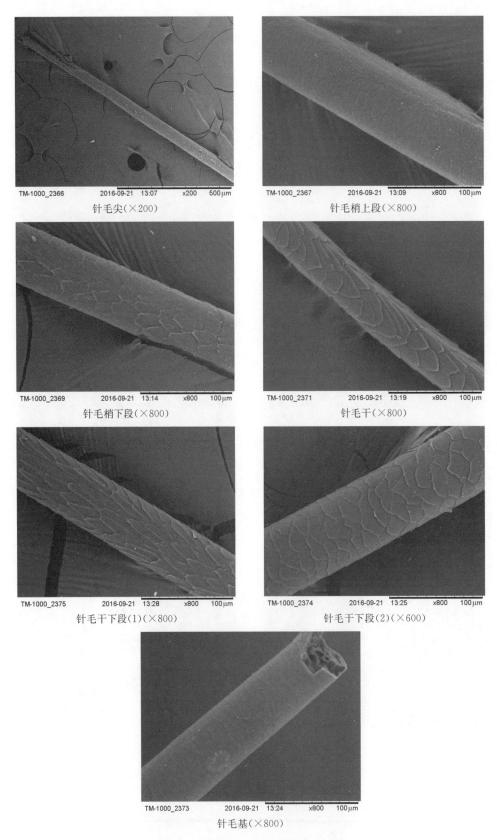

针毛尖(×200)

针毛梢上段(×800)

针毛梢下段(×800)

针毛干(×800)

针毛干下段(1)(×800)

针毛干下段(2)(×600)

针毛基(×800)

图 4-87　狼狗针毛横截面电镜观察图

　　绒毛纵向:从毛尖到毛根各段鳞片型由竹节型—斜长瓣型—斜长瓣型—杂瓣型依次变化,毛干直径约 21.4 μm,鳞片高度约 17.6 μm,鳞片外翘点到毛干的距离约 2.21 μm(图 4-88)。

横截面：针毛皮质层为圆形，髓腔为多瓣形，髓腔占横切面比例大；绒毛皮质层为圆形，髓腔也为圆形，髓腔占横切面比例小（图4-89）。

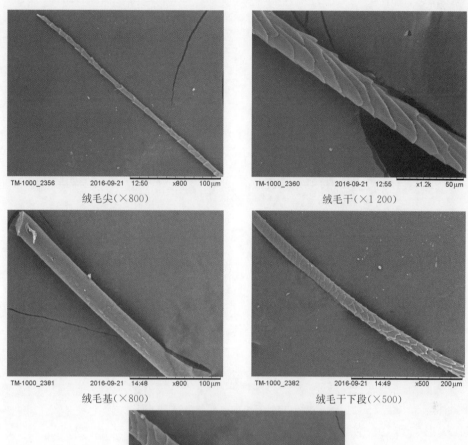

绒毛尖（×800）　　　　　　　　绒毛干（×1 200）

绒毛基（×800）　　　　　　　　绒毛干下段（×500）

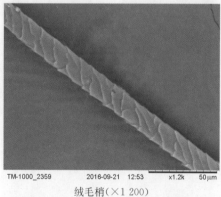

绒毛梢（×1 200）

图4-88　狼狗绒毛纵向各部位电镜观察图

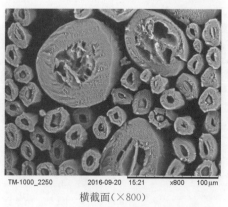

横截面（×800）

图4-89　狼狗针毛、绒毛横截面电镜观察图

（十四）狼毛皮

针毛纵向:从毛尖到毛根各段鳞片型由杂波型—杂波型—杂瓣型—杂瓣型依次变化,毛干直径约 69.2 μm,鳞片高度约 14.9 μm(图 4-90)。

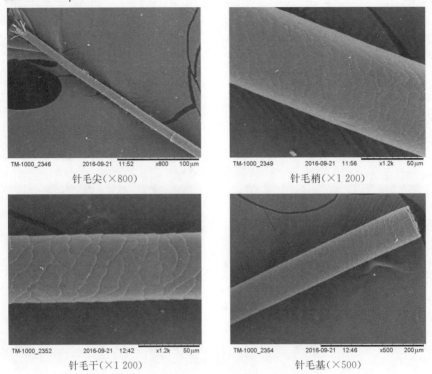

针毛尖(×800)　　　　　　　　　针毛梢(×1 200)

针毛干(×1 200)　　　　　　　　　针毛基(×500)

图 4-90　狼针毛纵向各部位电镜观察图

绒毛纵向:从毛尖到毛根各段鳞片型由环型—斜环型—长瓣型—杂瓣型依次变化,毛干直径约 19.1 μm,鳞片高度约 41.4 μm(图 4-91)。

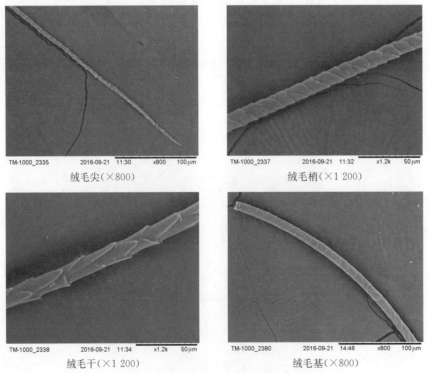

绒毛尖(×800)　　　　　　　　　绒毛梢(×1 200)

绒毛干(×1 200)　　　　　　　　　绒毛基(×800)

图 4-91　狼绒毛纵向各部位电镜观察图

横截面:针毛皮质层为圆形,髓腔为多瓣形,髓腔占横切面比例大;绒毛皮质层为圆形,髓腔也为圆形,髓腔占横切面比例小(图4-92)。

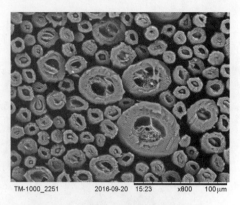

图4-92 狼针毛、绒毛横截面电镜观察图(×800)

(十五) 黄鼬毛皮

针毛纵向:从毛尖到毛根各段鳞片型由杂波型—杂瓣型—尖瓣型—过渡杂瓣型—杂瓣型依次变化,毛干直径约69.2 μm,鳞片高度约14.9 μm(图4-93)。

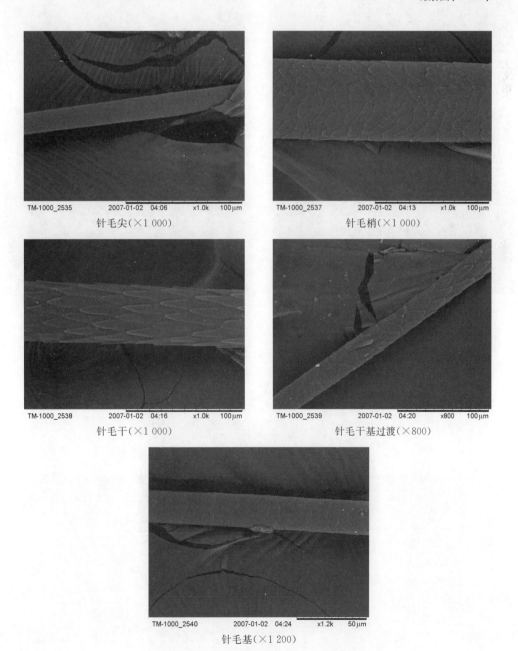

针毛尖(×1 000)

针毛梢(×1 000)

针毛干(×1 000)

针毛干基过渡(×800)

针毛基(×1 200)

图4-93 黄鼬针毛纵向各部位电镜观察图

　　绒毛纵向:从毛尖到毛根各段鳞片型由环型—杂瓣型—长瓣型—过渡杂瓣型—环型依次变化,毛干直径约 19.1 μm,鳞片高度约 41.4 μm(图 4-94)。

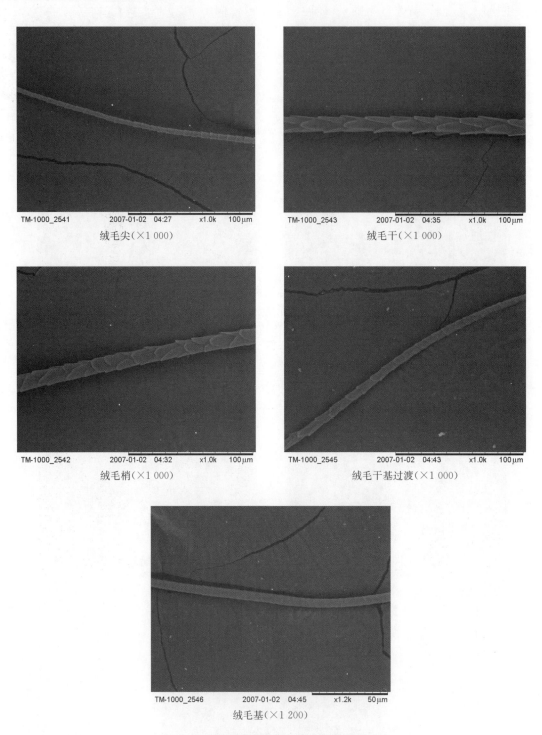

绒毛尖(×1 000)　　　　绒毛干(×1 000)

绒毛梢(×1 000)　　　　绒毛干基过渡(×1 000)

绒毛基(×1 200)

图 4-94　黄鼬绒毛纵向各部位电镜观察图

　　横截面:针毛皮质层为圆形,髓腔为多瓣形,髓腔占横切面比例大;绒毛皮质层为多边形,髓腔为圆形,髓腔占横切面比例小(图 4-95)。

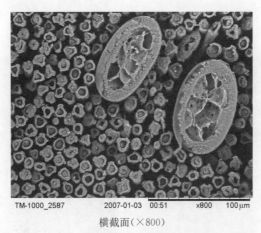

横截面(×800)

图 4-95　黄鼬针毛、绒毛横截面电镜观察图

(十六) 浣熊毛皮

针毛纵向:从毛尖到毛根各段鳞片型由杂波型—杂波型—杂瓣型—杂瓣型依次变化,毛干直径约69.2 μm,鳞片高度约14.9 μm(图 4-96)。

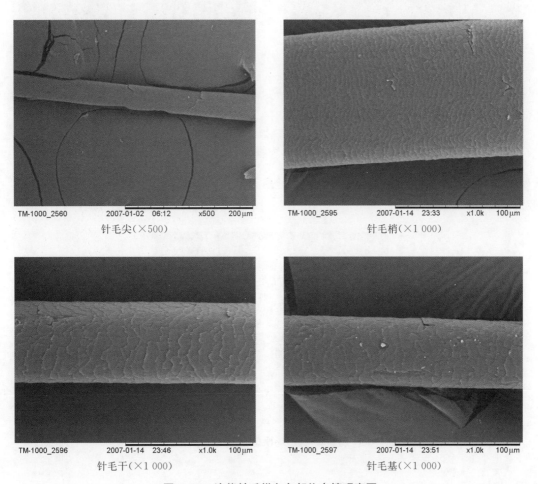

针毛尖(×500)　　　　　　针毛梢(×1 000)

针毛干(×1 000)　　　　　　针毛基(×1 000)

图 4-96　浣熊针毛纵向各部位电镜观察图

绒毛纵向:从毛尖到毛根各段鳞片型由杂瓣型—杂瓣型—长瓣型—环型依次变化,毛干直径约19.1 μm,鳞片高度约41.4 μm(图4-97)。

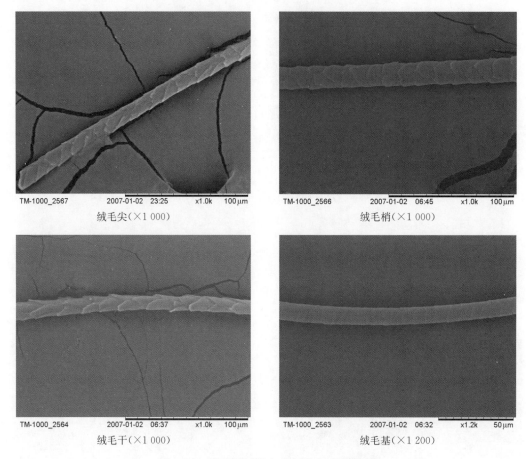

绒毛尖(×1 000)   绒毛梢(×1 000)

绒毛干(×1 000)   绒毛基(×1 200)

图 4-97　浣熊绒毛纵向各部位电镜观察图

横截面:针毛皮质层为圆形,髓腔为多瓣形,髓腔占横切面比例大;绒毛皮质层为圆形,髓腔也为圆形,髓腔占横切面比例小(图4-98)。

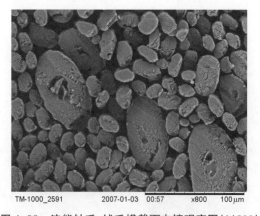

图 4-98　浣熊针毛、绒毛横截面电镜观察图(×800)

四、结果讨论

① 各种毛皮的针毛、绒毛纵向及横截面形态汇总于表 4-1 中。

表 4-1 各种毛皮的针毛、绒毛纵向及横截面形态

毛皮种类		针毛（梢—干—基）	绒毛（梢—干—基）	横截面	
				针毛皮质层/髓腔	绒毛皮质层
狐狸毛皮	1. 赤狐毛皮	杂波型—尖瓣型—杂瓣型	环型—尖瓣型—长瓣型	圆形/多瓣型	圆形
	2. 草狐毛皮	杂波型—尖瓣型—杂瓣型	环型—尖瓣型—环型	圆形/多瓣型	圆形
	3. 白狐毛皮	杂波型—尖瓣型—杂瓣型	环型—尖瓣型—斜环型	椭圆形/多瓣型	椭圆
	4. 蓝狐毛皮	杂波型—尖瓣型—杂瓣型	环型—尖瓣型—斜环型	椭圆形/多瓣型	椭圆
	5. 银狐毛皮	杂波型—尖瓣型—杂瓣型	环型—尖瓣型—斜环型	圆形/多瓣型	圆形
	6. 东沙狐毛皮	杂波型—尖瓣型—杂瓣型	环型—尖瓣型—斜环型	圆形/多瓣型	圆形
	7. 西沙狐毛皮	杂波型—尖瓣型—杂瓣型	斜环型—尖瓣型—环型	圆形/多瓣型	圆形
	8. 十字狐毛皮	杂波型—尖瓣型—杂瓣型	斜环型—尖瓣型—斜环型	圆形/多瓣型	圆形
水貂毛皮	1. 黑公貂毛皮	杂波型—尖瓣型—杂瓣型	竹节型—尖瓣型—环型	椭圆形或三角形/多瓣型	齿轮形
	2. 褐母貂毛皮	杂波型—尖瓣型—杂瓣型	竹节型—尖瓣型—环型	椭圆形/多瓣型	齿轮形
	3. 十字公貂毛皮	杂波型—尖瓣型—杂瓣型	竹节型—尖瓣型—环型	椭圆形/多瓣型	齿轮形
青根貂毛皮		杂波型—杂瓣型—杂瓣型	环型—斜环型—竹节型	椭圆形/多瓣型	圆形
貉子毛皮	1. 南貉毛皮	杂波型—斜长瓣型—杂瓣型	环型—长瓣型—杂瓣型	圆形/多瓣型	圆形
	2. 北貉毛皮	杂波型—尖瓣型—杂瓣型	环型—斜长瓣型—杂瓣型	圆形/多瓣型	椭圆形
	3. 美洲貉毛皮	杂波型—尖瓣型—杂瓣型	环型—尖瓣型—杂瓣型	椭圆形/多瓣型	椭圆形
兔毛皮	1. 家兔毛皮	波纹型—V字型—尖V字型	环型—齿状型—尖瓣型	椭圆形/连瓣型	方形
	2. 獭兔毛皮	—	环型—斜环型—尖瓣型	—	椭圆形
羊毛皮	1. 澳大利亚羊毛皮	杂瓣型—杂瓣型—杂瓣型	—	椭圆形/无髓腔	—
	2. 安哥拉羊毛皮	杂瓣型—杂瓣型—杂瓣型	—	圆形/无髓腔	—
	3. 湖羊毛皮	杂瓣型—杂瓣型—杂瓣型	杂瓣型—杂瓣型—杂瓣型	椭圆形/多瓣型	圆形
	4. 滩羊毛皮	杂波型—杂瓣型—齐嵌型—齐嵌型	环型—长瓣型—齐嵌型	椭圆形/多瓣型	圆形
	5. 长毛山羊毛皮	杂瓣型—杂瓣型—杂瓣型	杂瓣型—杂瓣型—杂瓣型	椭圆形/多瓣型	圆形
	6. 白猾子毛皮	杂瓣型—杂瓣型—杂瓣型	—	花生形或椭圆形/多瓣型	椭圆形
河狸毛皮		杂波型—杂波型—杂波型	环型—环型—环型	椭圆形/多瓣型	圆形
狸子毛皮	1. 南狸毛皮	杂波型—尖瓣型—杂瓣型	环型—尖瓣型—环型	圆形/多瓣型	圆形
	2. 北狸毛皮	杂波型—尖瓣型—杂瓣型	环型—长瓣型—环型	圆形/多瓣型	椭圆形
艾虎毛皮		杂波型—尖瓣型—杂瓣型	环型—尖瓣型—环型	椭圆形/多瓣型	齿轮形
负鼠毛皮		杂波型—杂瓣型—杂瓣型	杂瓣型—杂瓣型—杂瓣型	半圆形/多瓣型	半圆形
旱獭毛皮		杂波型—V字型—杂瓣型	杂瓣型—斜长瓣型—杂瓣型	椭圆形/多瓣型	椭圆形
黄猺毛皮		杂波型—尖瓣型—杂瓣型	杂瓣型—尖瓣型—杂瓣型	椭圆形/多瓣型	椭圆形
狼狗毛皮		杂波型—尖瓣型—杂瓣型	斜环型—斜长瓣型—杂瓣型	圆形/多瓣型	圆形
狼毛皮		杂波型—杂瓣型—杂瓣型	斜环型—长瓣型—杂瓣型	圆形/多瓣型	圆形
黄鼬毛皮		杂瓣型—杂瓣型—杂瓣型	杂瓣型—尖瓣型—环型	圆形/多瓣型	多边形
浣熊毛皮		杂波型—杂瓣型—杂瓣型	杂瓣型—尖瓣型—环型	圆形/多瓣型	圆形

② 通过对针毛纵向鳞片形态的观察,本书选取毛梢—毛干—毛基三段鳞片形态特征组成一组系列,将动物毛皮分为以下5类:

a. 毛梢—毛干—毛基三段的鳞片形态均为同一形态——杂瓣型的有负鼠、羊(澳大利亚绵羊、安哥拉绵羊、白猾子、湖羊、长毛山羊)。

b. 毛梢—毛干—毛基三段的鳞片形态均为杂波型—尖瓣型—杂瓣型的有狐狸(赤狐、草狐、白狐、蓝狐、东沙狐、西沙狐、十字狐)、狸子(南狸、北狸)、水貂(黑公貂、褐母貂、十字公貂)、艾虎、黄鼬、狼狗、美洲貉。

c. 毛梢—毛干—毛基三段的鳞片形态均为杂波型—杂瓣型—杂瓣型的有北貉、南貉、青根貂、河狸、黄猺、狼、浣熊。其中南貉和河狸的毛干鳞片较为特殊,河狸的鳞片间矩为密集型,而其他的为适中型,南貉的鳞片有部分呈斜长型。

d. 毛干均为V字型的有家兔、旱獭,其中波纹型—V字型—尖V字型的为家兔,杂波型—V字型—杂瓣型的为旱獭。

e. 滩羊的鳞片为杂瓣型—齐嵌型—齐嵌型。

③ 通过对绒毛纵向鳞片形态的观察,将动物毛皮分为以下4类:

a. 毛梢—毛干—毛基三段的鳞片形态均为同一形态,杂瓣型的有负鼠、湖羊、长毛山羊,环形的有河狸。

b. 毛干为尖瓣的有狐狸(赤狐、草狐、白狐、蓝狐、银狐、东沙狐、西沙狐、十字狐)、狸子(南狸、北狸)、水貂(黑公貂、褐母貂、十字公貂)、艾虎、黄鼬、美洲貉、黄猺、浣熊。

c. 毛干鳞片形态为长瓣型的有南貉、狼;毛干鳞片形态为斜长瓣型的有北貉、狼狗、旱獭。

d. 比较特殊的有兔、青根貂、滩羊。家兔是环型—齿状型—尖瓣型,獭兔是环型—V字型—尖瓣型,青根貂是环型—斜环型—竹节型,滩羊为环型—长瓣型—齐嵌型。

④ 根据皮质层形态、髓腔形态及髓腔占比大小,将动物毛皮分为以下5类:

a. 针毛皮质层形态大多数是圆形或椭圆形,只有负鼠是半圆形,白猾子腰圆形。

b. 绒毛皮质层形态大多数是圆形或椭圆形,只有水貂(黑公貂、褐母貂、十字公貂)、艾虎、黄鼬是齿轮形,黄鼬是多边形,负鼠是半圆形,家兔是方形。

c. 多数动物针毛的髓腔占横截面比例大,仅美洲貉、青根貂、黄猺、浣熊、湖羊、长毛山羊。

d. 多数动物针毛髓腔为多瓣形,仅家兔为连瓣形。

e. 澳大利亚羊、安哥拉羊无髓腔。

附:针毛、绒毛纵向和横截面典型形态图(图4-99～图4-116)

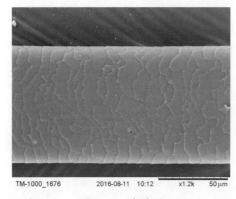

图4-99 杂波形

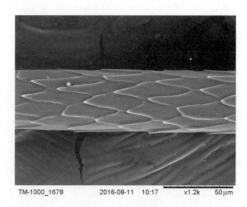

图4-100 尖瓣形

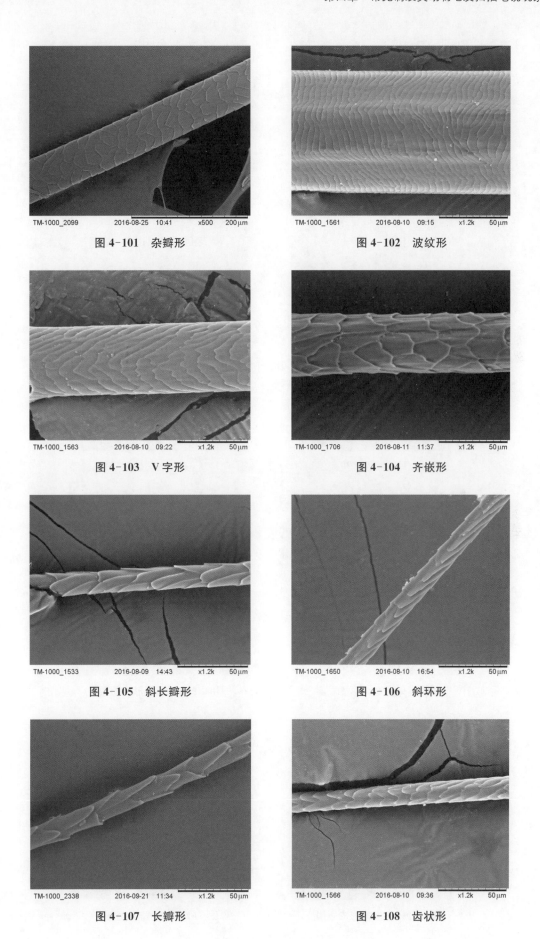

图 4-101　杂瓣形

图 4-102　波纹形

图 4-103　V 字形

图 4-104　齐嵌形

图 4-105　斜长瓣形

图 4-106　斜环形

图 4-107　长瓣形

图 4-108　齿状形

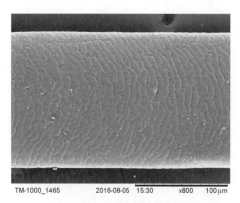

图 4-109　密集—杂瓣形

图 4-110　适中—杂瓣形

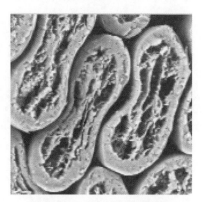

图 4-111　腰圆形皮质层

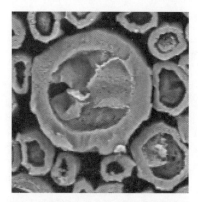

图 4-112　圆形皮质层/多瓣形髓腔

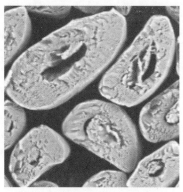

图 4-113　半圆形皮质层

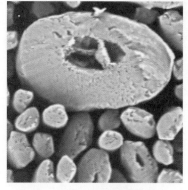

图 4-114　椭圆形皮质层

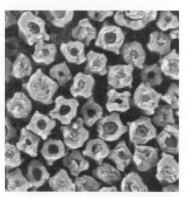

图 4-115　齿轮形皮质层

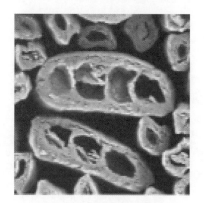

图 4-116　连瓣形髓腔

五、毛皮实验综合讨论

① 毛皮材质鉴别时，如果是整张毛皮，可以根据动物的大小以及各个部位毛皮形态、颜色来加以判别，相对比较容易，但用在裘皮服装或家居用品上的毛皮都是一块块或一条条拼接而成的，局部样品的鉴定用上述方法就难判定。在局部样品鉴别时，可以先从毛皮的形态、手感、毛绒的长短来考量，毛绒的长短是毛皮的重要特征，可根据本章第一部分的描述，对照实物样本判断。

② 在宏观鉴别的基础上，再根据本章第二部分、第三部分的描述，对照电镜显微镜特征照片加以判别。

③ 易混淆的毛皮

一般易混淆的毛皮主要是宏观特征比较近似、不易区分类毛皮，易使低价毛皮有机会仿高价毛皮。在这种情况下，可通过显微镜法、扫描电镜法找出区别，加以区分。以下情况易发生，其判别方法有：

a. 利用貉子毛皮染色后冒充狐狸毛皮。区别在于貉子针毛发硬，且一撮撮的，貉子毛皮的底绒较少，狐狸毛皮的绒毛较丰厚，且两者绒毛根部鳞片截然不同。

b. 狸子仿家兔。用手逆毛方向轻推，家兔毛皮整张较柔顺，狸子毛皮背脊处有硬度较高的鬃毛，会感觉到阻力。显微镜下两者的针毛纵向以及横截面有明显区别。

c. 獭兔仿河狸绒。去除针毛后的河狸绒与獭兔手感相似，仅从外观难以区分。但两者在显微镜下的鳞片形态、髓质形态、横截面形态以及在扫描电镜下的鳞片形态、横截面形态可以将两者有效区分，特别是扫描电镜下，两者横截面的髓腔内结构有明显区别，河狸绒髓腔中空，獭兔毛髓腔里填充很多小圆柱体。

d. 家兔仿獭兔。家兔有针毛，手感略涩易掉毛，皮板略薄软；獭兔基本上无针毛，手感滑爽毛牢固，皮板略厚实。显微镜、扫描电镜下家兔毛和獭兔毛没多大区别。